大数据背景下计算机信息技术的应用探索

吕菲 常忠 柳钰 ◎ 著

DASHUJU
BEIJINGXIA
JISUANJI
XINXI JISHU DE
YINGYONG TANSUO

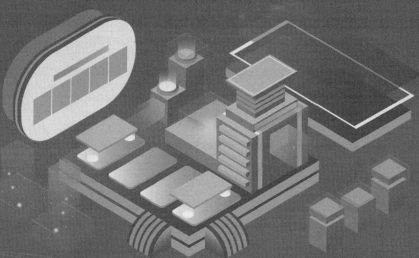

算机信息安全技术的应用
算机数据处理技术的应用

数据编码
传输与交换技术
数据获取
可视化分析

中国出版集团
中译出版社

图书在版编目（CIP）数据

大数据背景下计算机信息技术的应用探索 / 吕菲，
常忠，柳钰著. -- 北京 ： 中译出版社，2024. 6.
ISBN 978-7-5001-7831-6

Ⅰ．TP3

中国国家版本馆CIP数据核字第2024AB8329号

大数据背景下计算机信息技术的应用探索
DASHUJU BEIJING XIA JISUANJI XINXI JISHU DE YINGYONG TANSUO

著　　者：吕　菲　常　忠　柳　钰
策划编辑：于　宇
责任编辑：于　宇
文字编辑：田玉肖
营销编辑：马　萱　钟筱童
出版发行：中译出版社
地　　址：北京市西城区新街口外大街28号102号楼4层
电　　话：（010）68002494　（编辑部）
由　　编：100088
电子邮箱：book@ctph.com.cn
网　　址：http://www.ctph.com.cn

印　　刷：北京四海锦诚印刷技术有限公司
经　　销：新华书店
规　　格：710 mm×1000 mm　1/16
印　　张：13.75
字　　数：223千字
版　　次：2025年3月第1版
印　　次：2025年3月第1次印刷

ISBN 978-7-5001-7831-6　　　　定价：68.00元

前　言

当前，互联网信息技术已得到全面普及，不仅便利了人们的生活与工作方式，也为各个领域的发展进步搭建了广阔的平台，为社会的进步创造了十分有利的条件。但是，随着信息技术的发展，各种数据信息不断增多，为了使这些数据得到妥善保存，并系统性地传输，就衍生了大数据这种新技术。此时，作为与大数据技术有关的计算机信息处理技术，就必须一同创新，以满足人们的各种需求，实现可持续发展的目标。

本书深入浅出地对大数据背景下计算机信息技术进行分析，对大数据概念、大数据安全做了简单的介绍，让读者对大数据技术有了初步的认知；对计算机相关技术及应用进行了深入的分析，涵盖硬件、软件、数据通信等技术，让读者对计算机技术有进一步的的了解；着重强调了大数据背景下计算机信息技术应用实践，采用理论与实践相结合的方式，帮助读者了解大数据背景下计算机信息技术与应用。希望本书能够给从事相关行业的读者带来一些有益的参考和借鉴。

作者在策划和写作过程中，笔者参阅了国内外大量有关的文献和资料，从中得到启示；同时，也得到了有关领导、同事、朋友及学生的大力支持与帮助，在此致以衷心的感谢。本书的选材和写作还有一些不尽如人意的地方，加上作者学识水平和时间所限，书中难免存在不足之处，敬请同行专家及读者指正，以便进一步完善提高。

2024年4月

作者

目　录

第一章　大数据综述

第一节　大数据概念

一、大数据的基本概念

已故的图灵奖得主詹姆斯·尼古拉·格雷（James Nicholas Gray）在其《事务处理》一书中提到：六千年以前，苏美尔人（Sumerians）就使用了数据记录的方法，已知最早的数据写在土块上，上面记录着皇家税收、土地、谷物、牲畜、奴隶和黄金等情况。随着社会的进步和生产力的提高，类似土块的处理系统演变了数千年，经历了殷墟甲骨文、古埃及莎草纸、羊皮纸等不同阶段。19世纪后期打孔卡片出现，用于1890年美国人口普查，用卡片取代土块，使得系统可以每秒查找或更新一个"土块"（卡片）。可见，用数据记录社会发展历程由来已久，而数据的多少和系统的能力是与当时社会结构的复杂程度和生产力水平密切相关的。

随着人类进入21世纪，尤其是互联网和移动互联网技术的发展，使得人与人之间的联系日益密切，社会结构日趋复杂，生产力水平得到了极大的提升，人类创造性活力得到充分释放，与之相应的数据规模和处理系统也发生了巨大改变，从而催生了当下众人热议大数据的局面。

从历史观的角度看，数据（D）和社会（S）形成了一定的对应关系，即 $D_1 \sim f(S_{\text{sumerians}})$，……，$D_{\text{big}} \sim f(S_{\text{presnt}})$，……，$D_n \sim f(S_{\text{future}})$。从量的关系上，$D_1$，……，$D_{\text{big}}$，……，$D_n$ 可能存在大小关系，还可形成包含关系，但它们只是与当时的社会发展状况相对应；D_{big} 不可能反映代表未来的 D_n，因为我们不知道未来会有什么新的社会结构（诸如当下社交网络一类的事物）出现，也不知道会有什么新的生产活动（诸如电商一类的事物）产生；同样 D_1 也不需要具有 D_{big} 的规模，因为当时人们并没有如此频繁的联系。近期，美国加州大学伯克利分校教授提出，"大数据的冬天即将到来"，如果我们能历史地认识D_{big}的地位，没有把D_{big}当作D_n，就不存在"冬天"与"春天"的问题。这是历史客观发展的事实。

基于以上分析，当下大数据的产生主要与人类社会生活网络结构的复杂化、生产活动的数字化、科学研究的信息化相关，其意义和价值在于可帮助人们解释复杂的社会行为和结构，以及提高生产力，进而丰富人们发现自然规律的手段。本质上，大数据具有以下三个方面的内涵，即大数据的"深度"、大数据的"广度"及大数据的"密度"。所谓"深度"是指单一领域数据汇聚的规模，可以进一步理解为数据内容的"维度"；"广度"则是指多领域数据汇聚的规模，侧重体现在数据的关联、交叉和融合等方面；"密度"是指时空维上数据汇聚的规模，即数据积累的"厚度"及数据产生的"速度"。

面对不断涌现的大数据应用，数据库乃至数据管理技术面临新的挑战。传统的数据库技术侧重考虑数据的"深度"问题，主要解决数据的组织、存储、查询和简单分析等问题。其后，数据管理技术在一定程度上考了数据的"广度"和"密度"问题，主要解决数据的集成、流处理、图结构等问题。这里提出的大数据管理是要综合考虑数据的"广度""深度""密度"等问题，主要解决数据的获取、抽取、集成、复杂分析、解释等技术难点。因此，与传统数据管理技术相比，大数据管理技术难度更高，处理数据的"战线"更长。

二、大数据的生态环境

大数据是人类活动的产物，它来自于人们改造客观世界的过程中，是生产与生活在网络空间的投影。信息爆炸是对信息快速发展的一种逼真的描述，形容信息发展的速度如同爆炸一般席卷整个空间。在20世纪四五十年代，信息爆炸主要指的是科学文献的快速增长。而经过50年的发展，到20世纪90年代，由于计算机和通信技术的广泛应用，信息爆炸主要指的是所有社会信息快速增长，包括正式交流过程和非正式交流过程中所产生的电子式的和非电子式的信息。而到21世纪的今天，信息爆炸是由数据洪流的产生和发展带来的。在技术方面，新型的硬件与数据中心、分布式计算、云计算、高性能计算、大容量数据存储与处理技术、社会化网络、移动终端设备、多样化的数据采集方式使大数据的产生和记录成为可能。在用户方面，日益人性化的用户界面、信息行为模式等都容易作为数据量化而被记录，用户既可以成为数据的制造者，又可以成为数据的使用者。可以看出，随着云计算、物联网计算和移动计算的发展，世界上所产生的新数据，包括位置、状态、思考、过程和行动等数据都能够汇入数据洪流，互联网的广泛应用，尤其是"互联网+"的出现，促进了数据洪流的发展。

归纳起来，大数据主要来自互联网世界与物理世界。

（一）互联网世界

大数据是计算机和互联网相结合的产物，计算机实现了数据的数字化，互联网实现了数据的网络化，两者的结合赋予了大数据强大的生命力。随着互联网如同空气、水、电一样无处不在地渗透人们的工作和生活，以及移动互联网、物联网、可穿戴联网设备的普及，新的数据正在以指数级加速产生，目前世界上90%的数据是互联网出现之后迅速产生的。来自互联网的网络大数据是指"人、机、物"三元世界在网络空间中交互、融合所产生并可在互联网上获得的大数据，网络大数据的规模和复杂度的增长超出了硬件能力增长的摩尔定律。

大数据来自人类社会，尤其是互联网的发展为数据的存储、传输与应用创造了基础与环境。依据基于唯象假设的六度分隔理论而建立的社交网络服务（SNS），以认识朋友的朋友为基础，扩展自己的人脉。社交网站记录人们之间的交互，搜索引擎记录人们的搜索行为和搜索结果，电子商务网站记录人们购买商品的喜好，微博网站记录人们所产生的即时的想法和意见，图片视频分享网站记录人们的视觉观察，百科全书网站记录人们对抽象概念的认识，幻灯片分享网站记录人们的各种正式和非正式的演讲发言、机构知识库和期刊记录学术研究成果等。归纳起来，来自互联网的数据可以划分为下述五种类型：

1.视频图像

视频图像是大数据的主要来源之一，电影、电视节目可以产生大量的视频图像，各种室内外的视频摄像头昼夜不停地产生巨量的视频图像。视频图像以每秒几十帧的速度连续记录运动着的物体，一个小时的标准清晰视频经过压缩后，所需的存储空间为GB数量级，而高清晰度视频所需的存储空间就更大了。

2.图片与照片

图片与照片也是大数据的主要来源之一。如果拍摄者为了保存拍摄时的原始文件，平均每张照片大小为1 MB，则这些照片的总数据量约为$1.4 \times 1012 \times$

1 MB=140 PB，如果单台服务器磁盘容量为 10 TB，则存储这些照片需要 14 000 台服务器，而且这些上传的照片仅仅是人们拍摄到照片的很少一部分。此外，许多遥感系统 24 小时不停地拍摄并产生大量照片。

3.音频

DVD 光盘采用了双声道 16 位采样，采样频率为 44.1 kHz，可达到多媒体欣赏水平。如果某音乐剧的时间为 5.5 min，计算其占用的存储容量为：

存储容量 =（采样频率 × 采样位数 × 声道数 × 时间）/8

=（44.1 × 1000 × 16 × 2 × 5.5 × 60）/8

≈55.5 MB

4.日志

网络设备、系统及服务程序等，在运作时都会产生 log 的事件记录。每一行日志都记载着日期、时间、使用者及动作等相关操作的描述。Windows 网络操作系统设有各种日志文件，如应用程序日志、安全日志、系统日志、Scheduler 服务日志、FTP 日志、WWW 日志、DNS 服务器日志等，这些根据系统开启服务的不同而有所不同。用户在系统上进行操作时，这些日志文件通常记录了用户操作的一些相关内容，这些内容对系统安全工作人员相当有用。例如有人对系统进行了 IPC 探测，系统就会在安全日志里迅速地记下探测者探测时所用的 IP、时间、用户名等，用 FTP 探测后，就会在 FTP 日志中记下 IP、时间、探测所用的用户名等。

网站日志记录了用户对网站的访问，电信日志记录了用户拨打和接听电话的信息。假设有 5 亿用户，每个用户每天呼入呼出 10 次，每条日志占用 400 B，并且需要保存 5 年，则数据总量为 5 × 100 × 365 × 400 × 5 Byte≈3.65 PB。

5.网页

网页是构成网站的基本元素，是承载各种网站应用的平台。通俗地说，网站就是由网页组成的，如果只有域名和虚拟主机而没有制作任何网页，客户仍旧无法访问网站。网页要通过网页浏览器来阅读。文字与图片是构成一个网页的两个最基本的元素。可以简单地理解为：文字就是网页的内容，图片就是网页的美观描述。除此之外，网页的元素还包括动画、音乐、程序等。

网页分为静态网页和动态网页。静态网页的内容是预先确定的，并存储在 Web 服务器或者本地计算机、服务器之上，动态网页取决于用户提供的参数，并根据存储在数据库中网站上的数据而创建。通俗地讲，静态页是照片，每个人看都是一样的，而动态页则是镜子，不同的人（不同的参数）看都不相同。

网页中的主要元素有感知信息、互动媒体和内部信息等。感知信息主要包括文本、图像、动画、声音、视频、表格、导航栏、交互式表单等。互动媒体主要包括交互式文本、互动插图、按钮、超链接等。内部信息主要包括注释，通过超链接链接到某文件、元数据与语义的元信息、字符集信息、文件类型描述、样式信息和脚本等。

网页内容丰富，数据量巨大，每个网页有25 KB数据，则一万亿个网页的数据总量约为25 PB。

（二）物理世界

来自物理世界的大数据又被称为科学大数据，科学大数据主要来自大型国际实验——跨实验室、单一实验室或个人观察实验所得到的科学实验数据或传感数据。最早提出大数据概念的学科是天文学和基因学，这两个学科从诞生之日起就依赖基于海量数据的分析方法。由于科学实验是科技人员设计的，数据采集和数据处理也是事先设计的，所以不管是检索还是模式识别，都有科学规律可循。例如希格斯粒子，又称为"上帝粒子"的寻找，采用了大型强子对撞机实验。这是一个典型的基于大数据的科学实验，至少要在1万亿个事例中才可能找出一个希格斯粒子。从这一实验可以看出，科学实验的大数据处理是整个实验的一个预定步骤，这是一个有规律的设计，发现有价值的信息可在预料之中。大型强子对撞机每秒生成的数据量约为1 PB。建设中的下一代巨型射电望远镜阵每天生成的数据量大约在1 EB。波音发动机上的传感器每小时产生20 TB左右的数据量。

随着科研人员获取数据方法与手段的变化，科研活动产生的数据量激增，科学研究已成为数据密集型活动。科研数据因其数据规模大、类型复杂多样、分析处理方法复杂等特征，已成为大数据的一个典型代表。大数据所带来的新的科学研究方法反映了未来科学的行为研究方式，数据密集型科学研究将成为科学研究的普遍范式。

利用互联网可以将所有的科学大数据与文献联系在一起，创建一个文献与数据能够交互操作的系统，即在线科学数据系统。

对于在线科学数据，由于各个领域互相交叉，不可避免地需要使用其他领域的数据。利用互联网能够将所有文献与数据集成在一起，可以实现从文献计算到数据的整合。这样可以提高科技信息的检索速度，进而大幅度地提高生产力。也就是说，在线阅读某人的论文时，可以查看他们的原始数据，甚至可以重新分析，也可以在查看某些数据时查看所有关于这一数据的文献。

三、大数据的性质

从大数据的定义中可以看出，大数据具有规模大、种类多、速度快、价值密度低和真实性差等特点，在数据增长、分布和处理等方面具有更多复杂的性质，具体特点如下：

（一）非结构性

结构化数据可以在结构数据库中存储与管理，并可用二维表来表达实现的数据。这类数据是先定义结构，然后才有数据。结构化数据在大数据中所占比例较小，占15%左右，现已应用广泛。当前的数据库系统以关系数据库系统为主导，例如银行财务系统、股票与证券系统、信用卡系统等。

非结构化数据是指在获得数据之前无法预知其结构的数据，目前所获得的数据85%以上是非结构化数据，而不再是纯粹的结构化数据。传统的系统无法对这些数据完成处理，从应用角度来看，非结构化数据的计算是计算机科学的前沿。大数据的高度异构也导致抽取语义信息的困难。如何将数据组织成合理的结构是大数据管理中的一个重要问题。大量出现的各种数据本身是非结构化的或半结构化的数据，如图片、照片、日志和视频数据等是非结构化数据，而网页等是半结构化数据。大数据大量存在于社交网络、互联网和电子商务等领域。另外，也许有90%的数据来自开源数据，其余的被存储在数据库中。大数据的不确定性表现在高维、多变和强随机性等方面。

大数据产生了大量研究问题。非结构化和半结构化数据的个体表现、一般性特征和基本原理尚不清晰，这些需要通过数学、经济学、社会学、计算机科学和管理科学在内的多学科交叉研究。对于半结构化或非结构化数据，例如图像，需要研究如何将它转化成多维数据表、面向对象的数据模型或者直接基于图像的数据模型。还应说明的是，大数据每一种表示形式都仅呈现数据本身的一个侧面表现，并非其全貌。

由于现存的计算机科学与技术架构和路线，已经无法高效处理如此大的数据，如何将这些大数据转化成一个结构化的格式是一项重大挑战，如何将数据组织成合理的结构也是大数据管理中的一个重要问题。

（二）不完备性

数据的不完备性是指在大数据条件下所获取的数据常常包含一些不完整的信息和错误，即脏数据。在数据分析阶段之前，需要进行抽取、清洗、集成，得到高质量的数据之后，再进行挖掘和分析。

（三）时效性

数据规模越大，分析处理的时间就会越长，所以高速度进行大数据处理非常重要。如果设计一个专门处理固定大小数据量的数据系统，其处理速度可能会非常快，但并不能适应大数据的要求。因为在许多情况下，用户要求立即得到数据的分析结果，需要在处理速度与规模间折中考虑，并寻求新的方法。

（四）安全性

由于大数据高度依赖数据存储与共享，必须考虑寻找更好的方法来消除各种隐患与漏洞，才能有效地管控安全风险。数据的隐私保护是大数据分析和处理的一个重要问题，对个人数据使用不当，尤其是有一定关联的多组数据泄露，将导致用户的隐私泄露。因此，大数据安全性问题是一个重要的研究方向。

（五）可靠性

通过数据清洗、去冗等技术来提取有价值的数据，实现数据质量高效管理，以及对数据的安全访问和隐私保护已成为大数据可靠性的关键需求。因此，针对互联网大规模真实运行数据的高效处理和持续服务需求，以及出现的数据异质异构、非结构乃至不可信特征，数据的表示、处理和质量已经成为互联网环境中大数据管理和处理的重要问题。

四、大数据技术

大数据可分为大数据技术、大数据工程、大数据科学和大数据应用等领域。

从解决问题的角度出发，目前关注最多的是大数据技术和大数据应用。大数据工程是指大数据的规划、建设运营和管理的系统工程，大数据科学关注大数据网络发展和运营过程中发现和验证大数据的规律及其与自然和社会活动之间的关系。

大数据技术是指从数据采集、清洗、集成、分析与解释，进而从各种巨量数据中快速获得有价值信息的全部技术。目前所说的大数据有双重含义，它不仅指数据本身的特点，也包括采集数据的工具、平台和数据分析系统。大数据研究的目的是发展大数据技术并将其应用到相关领域，通过解决大数据处理问题来促进突破性发展。因此，大数据带来的挑战不仅体现在如何处理大数据，并从中获取有价值的信息上，也体现在如何加强大数据技术研发，抢占时代发展的前沿。

被誉为数据仓库之父的比尔·恩门早在20世纪90年代就提出了大数据的概念。近年来，互联网、云计算、移动计算和物联网迅猛发展，无所不在的移动设备、RFID、无线传感器每分每秒都在产生数据，数以亿计用户的互联网服务时时刻刻在产生巨量的交互，而业务需求和竞争压力对数据存储与管理的实时性、有效性又提出了更高要求。在这种情况下，提出和应用了许多新技术，主要包括分布式缓存、分布式数据库、分布式文件系统、各种NoSQL分布式存储方案等。

（一）大数据处理的全过程

数据规模急剧扩大超过了当前计算机存储与处理能力，不仅数据处理规模巨大，而且数据处理需求多样化。因此，数据处理能力成为核心竞争力。数据处理需要将多学科结合，需要研究新型数据处理的科学方法，以便在数据多样性和不确定性的前提下进行数据规律和统计特征的研究。ETL工具负责将分布的异构数据源中的数据，如关系数据、平面数据文件等抽取到临时中间层后进行清洗、集成、转换、约简，最后加载到数据仓库或数据集市中，成为联机分析处理、数据挖掘的基础。

一般来说，数据处理的过程可以概括为五个步骤，分别是数据采集与记录，数据抽取、清洗与标记，数据集成、转换与约简，数据分析与建模，数据解释。

1.数据采集与记录

数据的采集是指利用多个数据库来接收发自客户端（Web、App或者传感器形式等）的数据，并且用户可以通过这些数据库来进行简单的查询和处理工作。例如，电子商务系统使用传统的关系型数据库MySQL、SQLServer和Oracle等结构化数据库来存储每一笔事务数据，除此之外，Redis和MongoDB这样的NoSQL，数据库也常用于数据的采集。在大数据的采集过程中，其主要特点是并发率高，因为同时可能将有成千上万的用户来进行访问和操作。例如火车票售票网站和淘宝网站，它们并发的访问量在峰值时达到上百万，所以需要在采集端部署大量数据库才能支撑，并且对这些数据库之间进行负载均衡和分片设计。常用的数据采集方法如下所述：

（1）系统日志采集方法

很多互联网企业都有自己的海量数据采集工具，多用于系统日志采集，如Hadoop的Chukwa、Cloudera的Flume、Facebook的Scribe等，这些工具均采用分布式架构，能满足每秒数百兆字节的日志数据采集和传输需求。

（2）网络数据采集方法

网络数据采集是指通过网络爬虫或网站公开API等方式从网站上获取数据信息。该方法可以将非结构化数据从网页中抽取出来，将其存储为统一的本地数据文件，并以结构化的方式存储。它支持图片、音频、视频等文件或附件的采集，附件与正文可以自动关联。

除了网络中包含的内容之外，对网络流量的采集可以使用DPI或DFI等带宽管理技术进行处理。

（3）其他数据采集方法

对于企业生产经营数据或科学大数据等保密性要求较高的数据，可以通过与企业或研究机构合作，使用特定系统接口等相关方式采集数据。

2.数据抽取、清洗与标记

采集端本身设有很多数据库，如果要对这些数据进行有效的分析，应该将这些来自前端的数据抽取到一个集中的大型分布式数据库，或者分布式存储集群，还可以在抽取基础上做一些简单的清洗和预处理工作。也有一些用户在抽取时使用来自Twitter的Storm对数据进行流式计算，来满足部分业务的实时计算需求。大数据抽取、清洗与标记过程的主要特点是抽取的数据量大，每秒钟的抽取数据量经常可达到百兆，甚至千兆数量级。

3.数据集成、转换与约简

数据集成技术的任务是将相互关联的分布式异构数据源集成到一起，使用户能够以透明的方式访问这些数据源。在这里，集成是指维护数据源整体上的数据一致性，提高信息共享利用的效率，透明方式是指用户不必关心如何对异构数据源进行访问，只关心用何种方式访问何种数据即可。

4.数据分析与建模

统计与分析主要利用分布式数据库，或者分布式计算集群来对存储于其内的大数据进行分析和分类汇总等，以满足大多数常见的分析需求。分析方法主要包括假设检验、显著性检验、差异分析、相关分析、T检验、方差分析、卡方分析、偏相关分析、距离分析、回归分析（简单回归分析、多元回归分析）、逐步回归、回归预测与残差分析、曲线估计、因子分析、聚类分析、主成分分析、判别分析、对应分析、多元对应分析（最优尺度分析）等。

在这些方面，一些实时性需求会用到EMC的GreenPlum、Oracle的Exadata，以及基于MySQL的列式存储Infobright等，而一些批处理，或者基于半结构化数据的需求可以使用Hadoop。统计与分析部分的主要特点是分析中涉及的数据量巨大，对系统资源，特别是I/O资源占用极大。

和统计与分析过程不同，数据挖掘一般没有预先设定好主题，主要是在现有数据上进行基于各种算法的计算，起到预测的效果，从而实现一些高级别数据分析的需求，主要进行分类、估计、预测、相关性分组或关联规则、聚类、描述和可视化、复杂数据类型挖掘等。比较典型的算法有K-means聚算法、SVM统计学习算法和NaiveBayes分类算法，主要使用的工具有Hadoop的Mahout等。该过程的特点主要用于挖掘的算法很复杂，并且计算涉及的数据量和计算量都很大，常用数据挖掘算法都以单线程为主。

建模的主要内容是构建预测模型、机器学习模型和建模仿真等。

5.数据解释

数据解释的目的是使用户理解分析的结果，通常包括检查所提出的假设并对分析结果进行解释，采用可视化展现大数据分析结果。例如利用云计算、标签云、关系图等呈现。

至少应该满足上述五个基本步骤，才能成为一个比较完整的大数据处理过程。

（二）大数据技术的特征

大数据技术具有下述显著的特征：

1.分析全面的数据而非随机抽样

在大数据出现之前，由于缺乏获取全体样本的手段和可能性，针对小样本提出了随机抽样的方法。在理论上，越随机抽取样本，就越能代表整体样本，但是获取随机样本的代价极高，而且费时。出现数据仓库和云计算之后，获取足够大的样本数据，以至于获取全体数据成为可能并更为容易了。因为所有的数据都在数据仓库中，完全不需要以抽样的方式调查这些数据。获取大数据本身并不是目的，能用小数据解决的问题绝不要故意增大数据量。当年开普勒发现行星三大定律、牛顿发现力学三大定律都是基于小数据。从通过小数据获取知识的案例中得到启发，人脑具有强大的抽象能力，例如人脑就是小样本学习的典型。

2～3岁的小孩看少量图片就能正确区分马与狗、汽车与火车，似乎人类具有与生俱来的知识抽象能力。从少量数据中如何高效抽取概念和知识是值得深入研究的方向。至少应明白解决某类问题，多大的数据量是合适的，不要盲目追求超额的数据。数据无处不在，但许多数据是重复的或者没有价值的，未来的任务不是获取越来越多的数据，而是数据的去冗分类、去粗取精，从数据中挖掘知识、获得价值。

2.重视数据的复杂性，弱化精确性

对小数据而言，最基本和最重要的要求就是减少错误、保证质量。由于收集的数据少，所以必须保证记录下来的数据尽量准确。例如，使用抽样的方法，就需要在具体的运算上非常精确，在1亿人口中随机抽取1000人，如果在1000人的运算上出现错误，那么放大到1亿人将会增大偏差，但在全体样本上，产生多少偏差就为多少偏差，不会被放大。

精确的计算是以时间消耗为代价的，在小数据情况下，追求精确是为了避免放大的偏差而不得已而为之。但在样本等于总体大数据的情况下，快速获得一个大概的轮廓和发展趋势比严格的精确性重要得多。

大数据的简单算法比小数据更有效，大数据不再期待精确性，也无法实现精确性。

3.关注数据的相关性，而非因果关系

相关性表明变量A与变量B有关，或者说变量A的变化与变量B的变化之间存在一定的比例关系，但在这里的相关性并不一定是因果关系。

亚马逊的推荐算法指出根据消费记录来告诉用户可能喜欢什么，这些消费记录有可能是别人的，也有可能是该用户的历史购买记录，并不能说明喜欢的原因。不能说很多人都喜欢购买A和B，就存在购买A之后的结果是购买B的因果关系，这是一个未必的事情。但其相关性高，或者说概率大。大数据技术只知道是什么，而不需要知道为什么，就像亚马逊的推荐算法指出的那样，知道喜欢A的人很可能喜欢B，却不知道其中的原因。知道是什么就足够了，没有必要知道为什么。在大数据背景下，通过相互关系就可以比以前更容易、更快捷、更清楚地进行分析，找到一个现象的关系物。系统相互依赖的是相互关系，而不是因果关系，相互关系可以表明将发生什么，而不是为什么发生，这正是这个系统的价值。大数据的相互关系分析更准确、更快，而且不易受到偏见的影响。建立相互关系分析法的预测是大数据的核心。当完成了相互关系分析之后，又不满足仅仅知道为什么，可以再继续研究因果关系，找出原因。

4.学习算法复杂度

一般$MlgN$、N^2级的学习算法复杂度可以接受，但面对PB级以上的海量数据，$MlgN$、N^2级的学习算法难以接受，处理大数据需要更简单的人工智能算法和新的问题求解方法。人们普遍认为，大数据研究不只是上述几种方法的集成，应该具有不同于统计学和人工智能的本质内涵。大数据研究是一种交叉科学，应体现其交叉学科的特点。

（三）大数据的关键问题与关键技术

1.大数据的关键问题

大数据来源非常丰富且数据类型多样，存储和分析挖掘的数据量庞大，对数据展现的要求较高，并且重视处理大数据的高效性和可用性。

（1）非结构化和半结构化数据处理

如何处理非结构化和半结构化数据是一项重要的研究课题。如果把通过数据挖掘提取粗糙知识的过程称为一次挖掘过程，那么将粗糙知识与被量化后的主观知识，包括具体的经验、常识、本能、情境知识和用户偏好相结合而产生智能知识的过程就叫作二次挖掘。从一次挖掘到二次挖掘是由量到质的飞跃。

由于大数据所具有的半结构化和非结构化特点，基于大数据的数据挖掘所产生的结构化的粗糙知识（潜在模式）也伴有一些新的特征。这些结构化的粗糙知识可以被主观知识加工处理并转化，生成半结构化和非结构化的智能知识。寻求智能知识反映了大数据研究的核心价值。

（2）大数据复杂性与系统建模

大数据复杂性、不确定性特征描述的方法及大数据的系统建模这一问题的突破是实现大数据知识发现的前提和关键。从长远角度来看，大数据的个体复杂性和随机性所带来的挑战将促使大数据数学结构的形成，从而导致大数据统一理论的完备。从近期来看，应该建立一种一般性的结构化数据和半结构化、非结构化数据之间的转化原则，以支持大数据的交叉工业应用。管理科学，尤其是基于最优化的理论将在发展大数据知识的一般性方法和规律性中发挥重要的作用。

现实世界中的大数据处理问题复杂多样，难以有一种单一的计算模式能涵盖所有不同的大数据计算需求。研究和实际应用中发现，MapReduce主要适合进行大数据离线批处理方式，不适应面向低延迟、具有复杂数据关系和复杂计算的大数据处理，Storm平台适用于在线流式大数据处理。

大数据的复杂形式导致许多与粗糙知识的度量和评估相关的研究问题。已知的最优化、数据包络分析、期望理论、管理科学中的效用理论可以被应用到研究如何将主观知识融入数据挖掘产生的粗糙知识的二次挖掘过程中，人机交互将起到至关重要的作用。

（3）大数据异构性与决策异构性影响知识发现

由于大数据本身的复杂性，致使传统的数据挖掘理论和技术已不适应大数据知识发现。在大数据环境下，管理决策面临两个异构性问题，即数据异构性和决策异构性问题。决策结构的变化要求人们去探讨如何为支持更高层次的决策而去做二次挖掘。无论大数据带来了何种数据异构性，大数据中的粗糙知识仍可被看作一次挖掘的范畴。通过寻找二次挖掘产生的智能知识来作为数据异构性和决策异构性之间的连接桥梁。

寻找大数据的科学模式将带来对大数据研究的一般性方法的探究，如果能够找到将非结构化、半结构化数据转化成结构化数据的方法，已知的数据挖掘方法将成为大数据挖掘的工具。

2.大数据的关键技术

针对上述的大数据关键问题，大数据的关键技术主要包括流处理、并行化、摘要索引和可视化。

（1）流处理

随着业务流程的复杂化，大数据趋势日益明显，流式数据处理技术已成为重要的处理技术。应用流式数据处理技术可以完成实时处理，能够处理随时发生的数据流的架构。

例如计算一组数据的平均值，可以使用传统的方法实现。对于移动数据平均值的计算，不论是到达、增长还是一个又一个的单元，需要更高效的算法。但是若想创建一个数据流统计集，那就需要对此逐步添加或移除数据块，进行移动平均计算。

（2）并行化

小数据的情形类似于桌面环境，磁盘存储能力为 1 GB ～ 10 GB，中数据的数据量为 10 GB ～ 1 TB，大数据分布式地存储在多台机器上，包含 1 TB 到多个 PB 的数据。如果在分布式数据环境中工作，并且需要在很短的时间内处理数据，这就需要分布式处理。

（3）摘要索引

摘要索引是一个对数据创建预计算摘要，以加速查询运行的过程。摘要索引的问题是必须为要执行的查询做好计划。数据增长飞速，对摘要索引的要求远不会停止，不论是基于长期还是短期考虑，必须对摘要索引的制定有一个确定的策略。

（4）可视化

数据可视化包括科学可视化和信息可视化。可视化工具是实现可视化的重要基础，可视化工具包括以下两大类：

①探索性可视化描述工具可以帮助决策者和分析师挖掘不同数据之间的联系，这是一种可视化的洞察力。类似的工具有 Tableau、TIBCO 和 QlikView 等。

②叙事可视化工具可以独特的方式探索数据。例如如果需要以可视化的方式在一个时间序列中按照地域查看一个企业的销售业绩，可视化格式将被预先创

建。数据将按照地域逐月展示，并根据预定义的公式排序。

五、大数据基本分析

大数据分析离不开数据质量和数据管理，高质量的数据和有效的数据管理是大数据分析的基础。大数据基本分析方法可考虑如下六种。

一是数据质量和数据管理。数据质量和数据管理是大数据分析的一个前提。通过标准化的流程和工具对数据进行处理，可以保证一个预先定义好的高质量的分析结果。

二是离线与在线数据分析。尽管数据的尺寸非常庞大，但从时效性来看，大数据分析和处理通常分为离线数据分析和在线数据分析。

离线数据分析。离线数据分析用于较复杂和耗时的数据分析和处理。由于大数据的数据量已经远远超出当今单个计算机的存储和处理能力，当前的离线数据分析通常构建在云计算平台之上，如开源 Hadoop 的 HDFS 文件系统和 MapReduce 运算框架。

在线数据分析。在线数据分析（OLAP，也称联机分析处理）用来处理用户的在线请求，它对响应时间的要求比较高（通常不超过若干秒）。

许多在线数据分析系统构建在以关系数据库为核心的数据仓库之上。一些在线数据分析系统构建在云计算平台之上的 NoSQL 系统，例如 Hadoop 的 HBase。

三是语义引擎。由于非结构化数据的多样性带来了大数据分析新的挑战，人们需要一系列的工具去解析、提取及分析数据。语义引擎需要被设计成能够从"文档"中智能提取信息。

四是可视化分析。大数据分析的使用者有大数据分析专家，同时还有普通用户。二者对于大数据分析最基本的要求就是可视化分析，因为可视化分析能够直观地呈现大数特点，同时，能够非常容易地被读者所接受。

五是数据挖掘算法。大数据分析的理论核心就是数据挖掘算法，各种数据挖掘算法基于不同的数据类型和格式才能更加科学地呈现出数据本身具备的特点；同时，也是因为有这些数据挖掘的算法才能更快速地处理大数据。

六是预测性分析。大数据分析最重要的应用领域之一就是预测性分析，从大数据中挖掘出数据特征，通过科学的建立模型，之后便可以通过模型代入新的数据，从而预测未来的数据。

六、大数据应用

（一）大数据应用趋势

1.大数据细分市场

大数据相关技术的发展，将创造出一些新的分市场。例如以数据分析和处理为主的高级数据服务，将出现以数据分析作为服务产品提交的分析即服务业务；将多种信息整合管理，创造对大数据统一的访问和分析的组件产品；基于社交网络的社交大数据分析；将出现大数据技能的培训市场，讲授数据分析课程，培养数据分析专门人才等。

2.大数据推动企业发展

大数据概念覆盖范围非常广，包括非结构化数据从储存、处理到应用的各个环节，与大数据相关的软件企业也非常多，但是还没有哪一家企业可以覆盖大数据的各个方面。因此，在未来几年中，大型IT企业将为了完善自己的大数据产品线进行并购，首先便是预测分析和数据展现企业等。

3.大数据分析的新方法出现

在大数据分析上，将出现新方法。就像计算机和互联网一样，大数据是新一波技术革命。现有的很多算法和基础理论将产生新的突破与进展。

4.大数据与云计算高度融合

大数据处理离不开云计算技术，云计算为大数据提供弹性可扩展的基础设施支撑环境及数据服务的高效模式，大数据则为云计算提供了新的商业价值，大数据技术与云计算技术必有更完美的结合。同样地，云计算、物联网、移动互联网等新兴计算形态，既是产生大数据的地方，也是需要大数据分析方法的领域。大数据是云计算的延伸。

5.大数据一体化设备陆续出现

云计算和大数据出现之后，推出的软硬件一体化设备层出不穷。在未来几年里，数据仓库一体机、NoSQL一体机及其他一些将多种技术结合的一体化设备将进一步快速发展。

6.大数据安全日益受到重视

数据量的不断增加，对数据存储的物理安全性要求越来越高，从而对数据的多副本与容错机制提出更高的要求。网络和数字化生活使得犯罪分子更容易获得关于人的信息，也有了更多不易被追踪和防范的犯罪手段，可能会出现更高明的骗局。

（二）大数据的应用流程

1.采集

大数据的采集是指利用多个数据库来接受发自客户端，如网页、手机应用或者传感器等的数据，并且用户可以通过这些数据库来进行简单的查询和处理工作。如电商会使用传统的关系型数据库MySQL和Oracle等来存储每一笔事务数据，除此之外，Redis和Mongo DB这样的NoSQL数据库也常用于数据的采集。

在大数据的采集过程中，其主要特点和挑战是并发数高，因为有可能会有成千上万的用户同时来进行访问和操作，比如火车票售票网站和淘宝，它们并发的访问量在峰值时达到上百万人次，所以需要在采集端部署大量数据库才能支撑。如何在这些数据库之间进行负载均衡和分片的确是需要深入的思考和设计。

2.导入、预处理

虽然采集端本身会有很多数据库，但是如果要对这些大数据进行有效的分析，还是应该将这些来自前端的数据导入一个集中的大型分布式数据库，或者分布式存储集群，并且在导入基础上做一些简单的清晰和预处理工作。也有一些用户会在导入时使用Twitter的Storm来对数据进行流式计算，以满足部分业务的实时计算需求。

导入与预处理过程的特点和挑战主要是导入的数据量大，每秒钟的导入量经常会达到百兆，甚至千兆级别。

3.统计、分析

统计与分析主要利用分布式数据库，或者分布式计算集群来对存储于其内的海量数据进行常用的分析和分类汇总等，以满足一般性的分析需求。在这方面，一些实时性需求会用到美国易信安公司（EMC）的GreenPlum、Oracle的Exadata，以及基于MySQL的列式存储Infobright等，而一些批处理，或者基于半结构化数据的需求可以使用Hadoop。

统计与分析这部分的主要特点和挑战是分析设计的数据量大，其对系统资源，特别是输入及输出时会占用极大的内存空间。

4.挖掘

与前面统计和分析过程不同，数据挖掘一般没有什么预先设定好的主题，主要是在现有数据上面进行基于各种算法的计算，而达到预期的效果，从而实现一些高级别数据分析的需求。比较典型的算法有用于聚类的K-means、用于统计学习的SVM和用于分类的Naive Bayest等。该过程的特点和挑战主要是用于挖掘的算法很复杂，并且计算涉及的数据量和计算量都很大，常用数据挖掘算法以单线程为主。

整个大数据处理的一般流程至少应该包括这四个步骤，才能算得上比较完整。

第二节　大数据安全

一、大数据安全概述

数据具有普遍性、共享性、增值性、可处理性和多效用性等特性，数据资源具有特别重要的意义与价值。数据安全就是要保护信息系统或网络中的数据资源免受各种类型的威胁、干扰和破坏，所以数据安全的研究意义非凡。

（一）数据安全的定义

数据安全包括数据本身的安全和数据防护的安全两个方面的内容。

1.数据本身的安全

数据本身的安全是指采用密码算法对数据进行主动保护，如数据保密、数据完整性、双向身份认证等。

2.数据防护的安全

数据防护的安全主要是采用现代信息存储手段对数据进行主动防护，如通过磁盘阵列、数据备份、异地容灾等手段保证数据的安全。

数据安全是一种主动的措施，数据本身的安全必须基于可靠的加密算法与安全体系，主要是有对称算法与公开密钥密码体系两种。

（二）数据处理与存储的安全

1.数据处理的安全

数据处理的安全是指如何有效地防止数据在录入、处理、统计或打印中由于硬件故障、断电、死机、人为的误操作、程序缺陷、病毒或黑客等造成的数据库损坏或数据丢失现象。某些敏感或保密的数据可能被不具备资格的人员或操作员阅读，进而造成数据泄密等后果。

2.数据的存储安全

数据的存储安全是指数据库在系统运行之外的可读性，对于一个标准的Access数据库来说，很容易打开阅读或修改。一旦数据库被盗，即使没有原来的系统程序，也可以另外编写程序对盗取的数据库进行查看或修改。从这个角度来说，不加密的数据库是不安全的，容易造成商业泄密。这就需要考虑计算机网络通信的保密、安全及软件保护等问题。

（三）数据安全的基本特点

数据安全具有保密性、完整性和可用性三个基本特点。

1.保密性

保密性又称机密性，是指个人或团体的信息不为其他不应获得者而获得。在计算机中，许多软件包括邮件软件、网络浏览器等，都有保密性相关的设定，用以维护用户信息的保密性，另外间谍或黑客也有可能造成保密性的问题。

2.完整性

数据完整性是指在传输、存储数据的过程中，确保数据不被没有授权者篡改，或在篡改后能够被迅速发现。在信息安全领域中，常常与保密性边界混淆。以普通RSA对数值信息加密为例，黑客或恶意用户在没有获得密钥破解密文的情况下，可以通过对密文进行线性运算来改变数值信息的值。例如，交易金额为A元，通过对密文乘3，可以使交易金额成为$3A$。为了解决上述问题，通常可以使用数字签名或散列函数对密文进行保护。

3.可用性

数据可用性是以使用者为中心的设计概念，易用性设计在于使产品的设计能够符合使用者的习惯与需求，达到易用。例如在网站设计中，主要考虑的问题之一是使用者在浏览过程中不产生压力或感到挫折，并能使使用者在使用网站功能时用最少的努力发挥最大的效能。既然可用性是数据安全的三个特点之一，那么有违数据的可用性就是违反数据安全的规定。

（四）威胁数据安全的主要因素

威胁数据安全的主要因素如下所述。

1.数据信息存储介质的损坏

在物理介质层次上对存储和传输的信息进行安全保护，是信息安全的基本保障。物理安全隐患大致包括下述三个方面：

①自然灾害（如地震、火灾、洪水、雷电等）、物理损坏（如硬盘损坏、设备使用到期、外力损坏等）和设备故障（如停电断电、电磁干扰等）。

②电磁辐射、信息泄露、痕迹泄露（如口令密钥等保管不善）。

③操作失误（如删除文件、格式化硬盘、线路拆除）、意外疏漏等。

2.人为因素

人为因素包括人为无意失误和人为恶意攻击。

网络管理员安全配置不当造成的安全漏洞，用户安全意识不强，口令选择不慎，用户将自己的账号随意转借他人或与别人共享等都将对网络信息安全带来威胁。别有用心的人将利用这些无意的失误，从他人那里获取不该他获取的信息。

恶意攻击是计算机网络所面临的最大威胁，网络战中敌方的攻击和计算机犯罪就属于这一类。这类攻击又可分为以下两种：一种是主动攻击，是以各种方式有选择地破坏信息的有效性和完整性；另一种方式是被动攻击，就是在不影响网络正常工作的情况下，进行截获、窃取、破译以获得重要机密信息。这两种攻击均可对计算机网络造成极大的危害，并造成机密数据的泄露。

由于操作失误，使用者可能误删除系统的重要文件，或者修改影响系统运行的参数，以及没有按照规定要求或操作不当导致的系统停机。

随着计算机网络信息系统日益复杂，以致人们无法保证系统不存在网络设计漏洞与管理漏洞。这些漏洞和缺陷自然成为黑客进行攻击的首选目标。另外，软件设计人员出于自身的考虑，在进行软件开发时，为所开发的软件设置"后门"，一旦"后门"为外人所知，该软件则无安全可言，所造成的后果也不堪设想。

3.黑客

电脑入侵、账号泄露、资料丢失、网页被黑等是企业信息安全管理中经常遇到的问题。其特点是往往具有明确的目标。当黑客要攻击一个目标时，通常是首先收集被攻击方的有关信息，分析被攻击方可能存在的漏洞，然后建立模拟环境进行模拟攻击，测试对方可能的反应，再利用适当的工具进行扫描，最后通过已知的漏洞实施攻击。然后就可以读取邮件，搜索和盗窃文件，毁坏重要数据，破坏整个系统的信息，造成不堪设想的后果。入侵者通过网络远程入侵系统，主要的入侵形式有系统漏洞、管理不力等。

4.病毒

计算机病毒能影响计算机软件、硬件的正常运行，破坏数据的正确与完整，甚至导致系统崩溃等重大恶果，特别是一些针对盗取各类数据信息的木马病毒等。目前，杀毒软件普及较广，计算机病毒造成的数据信息安全威胁隐患已经缓解很多。由于感染计算机病毒而破坏计算机系统，造成的重大经济损失屡屡发生，计算机病毒的复制能力强、感染性强，特别是网络环境下，传播性更快。

5.信息窃取

复制、删除计算机上的信息或偷走计算机。

6.电源故障

电源供给系统故障，一个瞬间过载电功率将损坏在硬盘或存储设备上的数据。

7.磁干扰

磁干扰是指数据接触到有磁性的物质后，将造成数据被破坏。

（五）安全制度与防护技术

1.安全制度

不同的单位和组织，都有自己的网络信息中心，为确保信息中心、网络中心机房重要数据的安全，一般要根据国家法律和有关规定制定适合本单位的数据安全制度。

（1）对应用系统使用、产生的介质或数据按其重要性进行分类，对存放有重要数据的介质，应备份必要份数，并分别存放在不同的安全地方（防火、防高温、防震、防磁、防静电及防盗），建立严格的保密保管制度。

（2）保留在机房内的重要数据，应为系统有效运行所必需的最少数量，除此之外不应保留在机房内。

（3）根据数据的保密规定和用途，确定使用人员的存取权限、存取方式和审批手续。

（4）重要数据库，应设专人负责登记保管，未经批准，不得随意挪用重要数据。

（5）在使用重要数据期间，应严格按照国家保密规定控制转借或复制，需要使用或复制的须经批准。

（6）对所有重要数据应定期检查，要考虑介质的安全保存期限，及时更新复制。损坏、废弃或过时的重要数据应由专人负责消磁处理，秘密级以上的重要数据在过保密期或废弃不用时，要及时销毁。

（7）机密数据处理作业结束时，应及时清除存储器、联机磁带、磁盘及其他介质上有关作业的程序和数据。

（8）机密级及以上秘密信息存储设备不得并入互联网。重要数据不得外泄，重要数据的输入及修改应由专人来完成。重要数据的打印输出及外存介质应存放在安全的地方，打印出的废纸应及时销毁。

2.防护技术

计算机存储的数据越来越多，而且越来越重要，为了防止计算机中的数据意外丢失，一般都采用安全防护技术来确保数据的安全，下面简单介绍常用的数据安全防护技术。

（1）磁盘阵列

磁盘阵列是指把多个类型、容量、接口甚至品牌一致的专用磁盘或普通硬盘连成一个阵列，使其以更快的速度和准确、安全的方式读写磁盘数据，从而保证数据读取速度和安全性。

（2）数据备份

备份管理包括备份的可计划性、自动化操作、历史记录的保存或日志记录。

（3）双机容错

双机容错的目的在于保证系统数据和服务的在线性。当某一系统发生故障时，仍然能够正常地向网络系统提供数据和服务，使得系统不至于停顿，双机容错的目的在于保证数据不丢失和系统不停机。

（4）NAS

NAS解决方案通常配置为文件服务的设备，由工作站或服务器通过网络协议和应用程序来进行文件访问，大多数NAS链接在工作站客户机和NAS文件共享设备之间进行。这些链接依赖企业的网络基础设施来正常运行。

（5）数据迁移

由在线存储设备和离线存储设备共同构成一个协调工作的存储系统，该系统在在线存储和离线存储设备间动态地管理数据，使得访问频率高的数据存放于性能较高的在线存储设备中，而访问频率低的数据存放于较为廉价的离线存储设备中。

（6）异地容灾

异地实时备份是高效、可靠的远程数据存储。在IT系统中，必然有核心部分，通常称之为生产中心，往往给生产中心配备一个备份中心，该备份中心是远程的，并且在生产中心的内部已经实施了各种数据保护。不管怎么保护，当火灾、地震这种灾难发生时，一旦生产中心瘫痪了，备份中心将接管生产，继续提供服务。

（7）SAN

SAN允许服务器在共享存储装置的同时仍能高速传送数据。这一方案具有带宽高、可用性高、容错能力强的优点，而且它可以轻松升级，容易管理，有助于改善整个系统的总体成本状况。

（8）数据库加密

对数据库中数据加密是为增强普通关系数据库管理系统的安全性，提供一个安全适用的数据库加密平台，对数据库存储的内容实施有效保护。通过数据库存储加密等安全方法实现了数据库数据存储保密和完整性要求，使得数据库以密文方式存储并在密态方式下工作，确保了数据安全。

（9）硬盘安全加密

硬盘维修商根本无法查看经过安全加密的故障硬盘，绝对保证了内部数据的安全性。硬盘发生故障更换新硬盘时，全自动智能恢复受损坏的数据，有效防止企业内部数据因硬盘损坏、操作错误而造成的数据丢失。安全技术包含下述三类：①隐藏；②访问控制；③密码学。

二、隐私保护技术的应用

（一）位置大数据中的隐私保护

大数据时代，移动通信和传感设备等位置感知技术的发展将人和事物的地理位置数据化。移动对象中的传感芯片以直接或间接的方式收集移动对象的位置数据，传感器自动采集位置信息的速度和规模远远超过现有系统的处理能力。未来，移动传感设备的进步和通信技术的提升会更频繁地产生位置信息。在大数据时代，这样的产生速度和数据规模为人们的生活、企业的运作以及科学研究带来巨大的变革。我们称这类由于包含位置信息且具有规模大、产生速度快、蕴含价值高等满足被普遍认可的大数据特点的数据为位置大数据。位置大数据在带给人们巨大收益的同时，也带来了泄露个人信息的危害。这是因为位置大数据既直接包含用户的隐私信息，又隐含了用户的个性习惯、健康状况、社会地位等其他敏感信息。位置大数据的不当使用，会给用户各方面的隐私带来严重威胁。

1.位置大数据的隐私威胁

类似一般的隐私定义，位置大数据的隐私是移动对象对自己位置数据的控制。大数据时代，位置数据的来源极为广泛，位置大数据中包含的移动对象不同时刻的位置信息与背景知识结合，会泄露用户的健康状况、行为习惯、社会地位等敏感信息。例如观察到用户出现在医院附近，可以推测出用户大致的健康状况；考虑用户轨迹开始和结束的地点，可以推测出用户的家庭住址等信息。此外，加速度传感器等收集到的只包含部分位置的信息，也可以让攻击者有效推测用户的行为模式。

攻击者利用类似上述各种数据推测用户某时刻的隐私，在传统的位置隐私保护工作中通常被称为观察攻击或者关联攻击，但这些攻击模型不能概括大数据时代用户的位置隐私面对全方面推测的威胁。由于"知情与同意"、匿名等经典的隐私保护策略在大数据时代均失效，如何防止攻击者利用收集到的各方面数据推测用户的隐私信息，成为大数据时代亟待解决的位置大数据的隐私保护问题。

位置大数据隐私保护技术研究的早期，并没有专门针对位置大数据的保护手段，研究者仅简单通过用户对数据进行分类，并提供访问控制列表或者数据使用列表等隐私控制策略，避免不可信对象对用户敏感位置数据的获得，以及数据的不正当应用。之后，针对位置大数据隐私保护的研究集中在如何避免向攻击者发布移动对象某一时刻的精确位置，同时获得基于位置大数据的服务，这类技术的典型方法包括位置K-匿名等基于单点位置的启发式隐私度量的方法。随着位置大数据隐私保护技术的发展，人们开始注意到轨迹信息包含用户的移动位置在时间上的相关性，于是保护用户轨迹信息的方法受到重视。由于位置之间在时间上的相关性难以把握，一些基于轨迹的启发式的隐私度量方法（比如将位置数据随机化的方法、对空间数据的模糊化方法和对时间数据的模糊化方法）被提出。

但在大数据时代，提供可以量化的位置大数据的隐私保护效果是十分重要的，因此，基于概率推测的位置大数据隐私保护方法从信息论的角度给出位置隐私完整的度量方式，量化每个位置数据暴露的用户隐私。同时，基于隐私信息检索的位置大数据隐私保护技术提供了完美的隐私保护。

2.位置大数据隐私保护技术

不同的位置大数据隐私保护技术出于不同的隐私保护需求及实现的原理不同，在实际应用中各有优缺点。这里将位置大数据隐私保护技术分为以下三类：

基于启发式隐私度量的位置大数据隐私保护技术。对于任意时刻 t 的位置信息发布后，暴露的用户敏感信息与攻击者收集到的时刻 t 之前和之后的位置数据都有关，针对这些完整的数据攻击和保护用户的位置隐私代价很大。对于一些隐私保护需求不严格的用户，基于启发式隐私度量的位置大数据隐私保护技术是假设用户在不等于时刻的位置信息只与当前时刻攻击者收集到的数据有关。相应的方法包括经典的基于单点或轨迹的位置隐私保护技术，直接应用这些方法会遭受针对数据特征的攻击。比如，经过空间匿名框处理以后的数据，在考虑移动物体的移动速度时，某时刻发布的匿名框可能由于移动物体上一时刻的匿名框中无法到达下一时刻，从而导致匿名失败。为此，这类方法针对一般常见的攻击手段，如考虑匿名框的面积等技术，对发布的位置数据进行处理，以降低攻击者推测出用户敏感位置的可能性。

基于概率推测的位置大数据隐私保护技术。这类方法严格量化攻击模型的效果，并进而限制任意时刻 t 发布的位置数据包含的信息量。基于概率推测的隐私保护技术假设攻击者具有全部背景知识，并由此对每个发布的位置数据计算其披露风险，判断发布当前的位置数据是否违反用户的隐私要求。因此，这种位置大数据的隐私保护技术可以在攻击者具有完背景知识的情况下，在统一的位置大数据攻击模型下，定量地保护用户的位置隐私。

基于隐私信息检索技术的位置大数据隐私保护技术。当用户要求定义完美隐私时，由于发布位置信息或多或少地会为攻击者带来一些信息，这时会导致没有数据可以发布，用户也因而无法获得基于位置大数据的服务。基于隐私信息检索的位置大数据保护技术，可以在任何情况下保护移动用户的隐私。但在位置大数据上的应用服务中，由于用户查询本身包含位置信息，很长时间内都不存在可以在不解密用户查询的情况下回答复杂的基于位置查询的加密算法。尽管最近的研究结果发现，基于同态映射的加密方法可以在不暴露用户位置隐私的情况下返回正确的查询结果，但最新的结果显示，因为高效的数据访问方法暴露了数据之间的顺序，可以提供完美隐私的高效加密方法是不存在的。

（二）互联网搜索中的隐私保护

随着信息技术的快速发展和信息量的剧增，互联网已成为海量信息空间。它吸引了越来越多的信息进入其中。随着时代的发展，信息的来源也在逐渐发生变化：由初期的网站建设者和管理者作为唯一的信息发布者的模式，逐渐转变为普通 Web 用户人人均可作为信息发布者的共享合作模式。由于 Web 信息发布的开放性与低门槛，网络中的信息量越来越大，同时信息的组成也越来越复杂，其中有一部分是与用户有关的个人信息。虽然关于某个用户的信息通常分散分布在看似没有任何联系的多个网页上，但是今天的 Web 已经被多个搜索引擎高度索引了，搜索引擎强大的索引能力能够帮助人们找到所需要的信息，但也为恶意的隐私挖掘者提供了便利。

1.隐私攻击过程模型

网络上与 Web 用户有关的信息多种多样。为了形式化地描述该问题，根据性质的不同，我们将 Web 上与用户有关的个人信息分为如下三类：

（1）身份信息（以 I 表示）。一个人公开的社会化身份。例如社会安全号、身份证号、姓名、职业和所属公司等，这类信息通常被用以唯一地确认用户的身份。

（2）隐私敏感信息（以 S 表示）。与用户个人隐私相关的所有信息。例如患有某些疾病，或有过量饮酒等恶习。值得注意的是，隐私信息并没有固定的界限，是根据不同用户的定义进行调整的。

（3）其他信息（以O表示）。除I信息和S信息外的所有信息，这类信息不会直接显示用户的身份，也不会直接涉及隐私，例如兴趣、教育水平、婚姻状态等信息。这类信息常被用作判断某个数据项是否属于某个用户的辅助判断条件。

同时给出基于搜索隐私的隐私挖掘攻击的定义。隐私攻击者使用搜索引擎寻找并收集Web上关于某一用户的个人信息，直到获得该用户的身份信息和隐私敏感信息为止。

在发起隐私挖掘之前，攻击者已知用户的一些信息，称为已知集。这是进行基于搜索引擎的隐私挖掘攻击的必要启动条件。它可能是I信息、S信息或O信息，甚至可能同时包含I和O信息、S和O信息。如果已知信息中包含I信息，则攻击者的目的是找到该用户相应的S信息，反之亦然。

为了不失一般性，我们假设攻击者最初拥有的信息是I信息，以已知集中的信息作为查询关键字，通过搜索引擎发起信息的收集。当攻击者得到搜索引擎的返回结果页面时，从这些网页中抽取出目前还未知的、有价值的信息项，并根据某些判断条件判别某个信息项是否属于该用户。新找到的信息可能是I、S、O信息或它们的组合。

若新找到的信息包含S信息，而且经过判断能够断定它们是关于该用户的信息，则该受害者用户的身份信息和隐私信息均已被攻击者获取，用户的隐私泄露，隐私攻击成功。若新找到的信息仅包含I信息和O信息，则将经过判断后能够断定确实属于该用户的数据项插入已知集中。在下一轮查询中，攻击者从已知集选取数据项作为关键字，再使用搜索引擎进行新信息的查找。然后检查本轮查询中新找到的信息是否包含该用户的S信息。

隐私信息挖掘攻击是一个循环的过程，攻击者不断地重复上述过程，收集该用户分散在Web上的所有信息，直至找到S信息为止。之前查询的返回结果被用作之后查询的输入关键字。通过网页信息之间的关联关系，该用户分散在网络各处的信息将被逐渐收集到一起，导致信息被挖掘。如果将上述的隐私挖掘循环过程展开，得到的隐私攻击过程类似于一条路径。沿着这条路径，攻击者能够将Web用户的I信息和S信息关联起来。每一次成功的隐私挖掘攻击都能够视为一条连通的隐私挖掘路径。

2.隐私泄露自动探测服务

基于搜索引擎的隐私挖掘攻击的本质是挖掘Web上公开的、能够被搜索引擎所索引到的信息之间的关联关系，从而获取用户的隐私。然而，用户通常不会记得自己在Web上发布过的所有信息，因此该问题易被忽略且难以预防。

目前已有的隐私安全保护方法，通常只能解决某一类具体环境中的隐私攻击问题，不适合基于搜索引擎的隐私挖掘攻击涉及整个Web的具体情况。这里主要针对该情况，介绍基于图最优选择的隐私泄露自动探测服务，相应算法能够为Web用户检测已存在于网络上的信息是否会因为基于搜索引擎的隐私挖掘攻击而导致隐私泄露，从而为用户发布信息提供参考。隐私泄露自动检测方法能够有效帮助用户抵御隐私挖掘攻击，其基本流程是：①收集用户分散在Web上的信息，并记录每一步使用搜索引擎的关键字，形成"用户信息结构图"；②对用户信息图进行合并化简，减低图的规模；③考虑顶点影响因素空间，为顶点赋一个合理的概率值，表明此顶点属于该用户的可能性值；④在图上进行隐私挖掘路径的查找，即从含有I信息的顶点到含有S信息的顶点之间的连通概率值最大的路径。

该服务实际上是从隐私攻击者的角度，根据每个用户的信息分布状态图，尝试寻找I信息和S信息之间的通路，并评估该通路可能存在的概率值。

隐私泄露自动探测服务是一种由可信的第三方提供的服务，担心自己在Web上发布信息会导致隐私泄露的用户可以订购这种服务。在实际的隐私挖掘过程中，某一个数据项应被归为哪一类个人信息（I、S或O）是不固定的，需要根据不同用户的要求进行归类。例如一些用户认为他们的手机号码是个人隐私，应该属于S信息；而另一些用户可能更愿意公开他们的手机号码，以便与其他网友更方便地交流，这些用户会把手机号归为O信息或I信息。Web用户需要提供个人对信息分类的要求，作为隐私探测服务算法的输入。

三、大数据安全的内容

大数据安全也如大数据名词一样，包括了两个含义。一个含义是如何保障大数据计算过程、数据形态、应用价值的安全；另一个含义是将大数据用于安全，也就是利用大数据相关的技术提升安全的能力和安全效果。前者是指如何保证大数据的安全，后者是指如何用大数据来解决安全问题。

大数据的出现，对数据存储的物理安全性要求将越来越高，从而对数据的多副本与容错机制提出了更高的要求。由于网络和数字化环境更容易使得犯罪分子获得个人的信息，也有了更多不易被追踪和防范的犯罪手段，甚至出现更为高明的骗局。大数据本身、大数据处理过程、大数据处理结果都有可能受到网络犯罪的攻击。大数据安全不仅应考虑网络层次的安全，而且还应考虑内部操作人员的安全防范和审计。

（一）大数据的不安全因素

对于大数据，存在下列不安全因素：

1.大数据成为网络攻击的显著目标

大数据的特点是数据规模大，达到PB级，而且复杂，并存在更敏感的数据，吸引了更多的潜在攻击者。

数据的大量汇集，致使黑客成功攻击一次就可获得更多数据，因此，降低了黑客的进攻成本，增加了收益效率。

2.大数据加大了隐私泄露风险

大量数据的汇集加大了用户隐私泄露的风险。

①数据集中存储增加了泄露风险。

②一些敏感数据的所有权和使用权并没有明确界定，很多大数据的分析都没有考虑到其中涉及的个体隐私问题。

3.大数据威胁现有的存储和安防措施

大数据集中存储的后果是导致多种类型数据存储在一起，安全管理不合规格。大数据的大小也影响到安全控制措施的正确运行。安全防护手段的更新升级速度跟不上数据量非线性增长的速度，进而暴露了大数据安全防护的漏洞。

4.大数据技术成为黑客的攻击手段

在利用大数据挖掘和大数据分析等大数据技术获取价值的同时，黑客也在利用这些大数据技术发起攻击。黑客最大限度地收集更多有用信息，例如社交网络、邮件、微博、电子商务、电话和家庭住址等信息，大数据分析使黑客的攻击更加精准，也为黑客发起攻击提供了更多机会。

5.大数据成为可持续攻击的载体

传统的检测是基于单个时间点进行的基于威胁特征的实时匹配检测，而可持续攻击是一个实施过程，无法被实时检测。此外，大数据的价值密度低，使得安全分析工具很难聚焦在价值点上，黑客可以将攻击隐藏在大数据中，给安全服务提供商的分析带来了很大困难。黑客设置的任何一个误导安全目标信息提取和检索的攻击，都将导致安全监测偏离方向。

（二）大数据安全的关键问题

1.网络安全

网络上进行的交易、对话和互动越来越多，网络犯罪分子比以往任何时候都要猖獗。网络犯罪分子组织得更好、更专业，并具备有力的工具和能力，以针对确定的目标进行攻击。这对企业造成声誉受损，甚至财政破产。网络弹性和防备战略对于企业大数据至关重要。

2.云中的数据

由于企业迅速采用和实施新技术，例如云服务，所以经常面临大数据的存储和处理的需求，而这其中包含了不可预见的风险和意想不到的后果。在云中的大数据对于网络犯罪分子来说，是一个极具吸引力的攻击目标，这就对企业提出了必须构建安全的云的需求。

3.个人设备安全管理

大数据的出现扩大了移动设备使用范围，企业面临的是员工在工作场所使用个人设备的安全管理挑战，因此必须平衡安全与生产力的需要。由于员工智能分析和浏览网页详情混合了家庭和工作数据，企业应当确保员工遵守个人设备相关的使用规则，并在符合其既定的安全政策下管理移动设备。

4.相互关联的供应链

企业是复杂的、全球性的和相互依存的供应链的一个环节，而且是最薄弱的环节。信息通过简单平凡的数据供应链结合起来，包括从贸易或商业秘密到知识产权的一系列信息，如果损失就可能导致企业声誉受损，受到财务或法律的惩罚。信息安全协调在业务关系中起着相当重要的作用。

5.数据保密

大数据产生、存储和分析过程中，数据保密将成为一个更大的问题。企业必须尽快开始规划新的数据保护方法，同时监测进一步的立法和监管的发展。数据聚合和大数据分析是保证企业营销情报的宝库，能够在针对客户情况的基础上，结合过去的采购模式和以前的个人喜好进行销售，这是营销的法宝。但企业领导人应了解申请多个司法管辖区的法律和其他限制。企业还应该实现数据隐私最佳分析程序，建立相关透明度和问责制，但不要忽视大数据、流程和技术的作用。

（三）大数据安全措施

1.基础设施支持

为了创建支持大数据环境下的基础设施，需要一个安全且高速的网络来收集很多安全系统数据源，从而满足大数据的收集要求。基于大数据基础设施的虚拟化和分布式性质，可将虚拟网络作为底层通信基础设施。此外，从承载大数据的角度来看，在数据中心和虚拟设备之间使用 VLAN 等技术作为虚拟主机内的网络。由于防火墙需要检查通过防火墙的每个数据包，这已经成为大数据快速计算能力的瓶颈。因此，企业需要分离传统用户流量与大数据安全数据的流量，确保只有受信任的服务器流量流经加密网络通道及防火墙，这个系统就能够以所需要的不受阻碍的速度进行通信。

2.保护虚拟服务器

保护虚拟服务器的最好方法是确保这些服务器按照 NIST 标准进行加强，卸载不必要的服务（如 FTP 工具），以及确保有一个良好的补丁管理流程。鉴于这些服务器上数据的重要性，还需要为大数据中心部署备份服务。此外，这些备份也必须加密，无论是通过磁带介质还是次级驱动器的备份，在很多时候，安全数据站点发生数据泄露事故都是因为备份媒介的丢失或者被盗。另外，应该定时进行系统更新；同时，为了进行集中监控和控制，还应该部署系统监视工具。

3.整合现有工具和流程

因为数据量非线性增长，绝大多数企业都没有专门的工具或流程来应对这种非线性增长。也就是说，随着数据量的不断增长，传统工具已经不再像以前那么有用。为了确保大数据安全仓库位于安全事件生态系统的顶端，还必须整合现有安全工具和流程。当然，这些整合点应该平行于现有的链接，因为企业不能为了大数据的基础设施改组而放弃其安全分析功能。对于一项新部署，最好的方法是尽量减少连接数量，通过连接企业或业务线的 SIEM 工具的输出到大数据安全仓库。由于这些数据已经被预处理，将允许企业开始测试其分析算法与加工后的数据集。

4.制订严格的培训计划

由于大数据在一个新的不同的环境运行，还需要为安全办公人员制订一个培训计划。培训计划应该着眼于新开发的分析和修复过程，因为安全大数据仓库将通过这些过程来标记和报告不寻常的活动和网络流量。大数据生态系统的实际操作有着非常标准化的功能，未经授权的更改或者访问将很容易被发现。

数据安全问题涉及企业很多重大的利益，发现数据安全技术是面临的迫切要求，除了上述内容以外，数据安全还涉及其他很多方面的技术与知识，例如黑客技术、防火墙技术、入侵检测技术、病毒防护技术、信息隐藏技术等。一个网络的数据安全保障系统，应该根据实际需求对上述安全技术进行取舍。

第二章　计算机技术的基础内容

第一节　计算机概念与组成

计算机俗称电脑，是现代一种用于高速计算的电子计算机器，可以进行数值计算，又可以进行逻辑计算，还具有存储记忆功能。它是能够按照程序运行，自动、高速处理海量数据的现代化智能电子设备。

一、计算机的基本概念

1946年，美国宾夕法尼亚大学研制出第一台真正的电子数字计算机（ENIAC）。电子数字计算机是20世纪最重大的发明之一，是人类科技发展史上的一个里程碑。经过70多年的发展，计算机技术有了飞速的进步，应用日益广泛，已应用到社会的各个行业和领域，成为人们工作和生活中使用的重要工具，极大地影响着人们的工作和生活。同时，计算机技术的发展水平已成为衡量一个国家信息化水平的重要标志。

（一）计算机的定义

计算机在诞生初期主要是用来进行科学计算的，所以被称为"计算机"，是一种自动化计算工具。但目前计算机的应用已远远超出了"计算"，它可以处理数字、文本、图形图像、声音、视频等各种形式的数据。"计算机"这个术语是1940年世界上第一台电子计算装置诞生之后才开始使用的。

实际上，计算机是一种能够按照事先存储的程序，自动、高速地对数据进行处理和存储的系统。一个完整的计算机系统包括硬件和软件两大部分。硬件是由各种机械、电子等器件组成的物理实体，包括运算器、存储器、控制器、输入设备和输出设备五个基本组成部分；软件由程序及有关文档组成，包括系统软件和应用软件。

（二）计算机的分类

计算机分类的依据有很多，不同的分类依据有不同的分类结果。常见的分类方法有以下五种：第一，按规模分类。我们可以把计算机分为巨型机、小巨型机、大中型机、小型机、工作站和微型机（PC机）等。第二，按用途分类。可以把计算机分为工业自动控制机和数据处理机等。第三，按结构分类。可以把计算机分为单片机、单板机、多芯片机和多板机。第四，按处理信息的形式分类。可以把计算机分为数字计算机和模拟计算机，目前的计算机都是数字计算机。第五，按字长分类。可以把计算机分为8位机、16位机、32位机和64位机等。

（三）计算机发展简史

1.计算机发展史上有突出贡献的科学家

（1）巴贝奇。1834年设计出的机械方式的分析机是现代计算机的雏形。

（2）美国科学家霍华德·艾肯。他在IBM的资助下，用机电方式实现了巴贝奇的分析机。

（3）英国科学家艾兰·图灵。他是计算机科学奠基人，他建立了图灵机（Turing Machine，TM）和图灵测试，阐述了机器智能的概念，是现代计算机可计算性理论的基础。为了纪念图灵对计算机发展的贡献，美国计算机学会（ACM）1966年创立了"图灵奖"，被称为计算机界的诺贝尔奖，用于奖励在计算机科学领域有突出贡献的研究人员。

（4）匈牙利数学家冯·诺依曼。他与同事研制出第二台电子计算机EDVAC（electronic discrete variable automatic computer，离散变量自动电子计算机），它所采用的"程序存储"概念在目前的计算机中依然沿用，都被称为"冯·诺依曼"计算机。因此，他也被称为计算机之父。

2.计算机的发展历程

1946年2月，美国宾夕法尼亚大学研制出第一台真正的计算机ENIAC。这个重30 t，占地170 m²，使用18 000多个电子管、5 000多个继电器、电容器、每小时耗电150kW的庞然大物拉开了人类科技革命的帷幕，每秒计算能力为5 000次加减运算。

到目前为止，计算机的发展根据所采用的物理器件，一般分为下列四个发展阶段：

（1）电子管计算机时代（1946～1959年）。其基本特征是采用电子管作为计算机的逻辑元件，用机器语言或汇编语言编写程序，每秒计算能力是几千次加减运算，内存容量仅几KB，主要用于军事计算和科学研究。代表机型有IBM650（小型机）和IBM709（大型机）。

（2）晶体管计算机时代（1959—1964年）。其基本特征是采用晶体管作为逻辑元件，可用的编程语言包括FORTRAN、COBOL、ALGOL等高级语言，每秒计算能力达到几十万次，内存采用了铁淦氧磁性材料，容量扩大到几十KB。除了科学计算外，还可用于数据处理和事务处理。代表机型有IBM 7090、CDC 7600。

（3）小规模、中规模集成电路计算机时代（1964—1975年）。其基本特征是采用小规模集成电路SS I（small scale integration）和中规模集成电路MS I（middle scale integration）作为逻辑元件，体积进一步减小，运算速度每秒达到几十万次甚至几百万次；软件发展也日臻完善，特别是操作系统和高级编程语言的发展。这一时期，计算机开始向标准化、多样化、通用化系列发展，广泛应用到各个领域。代表机型有IBM 360。

（4）大规模LSI（large scale integration）、超大规模集成电路VLSI（very large scale integration）计算机时代（1975年至今）。在本阶段，大规模和超大规模集成电路技术飞速发展，在硅半导体上集成了大量的电子元器件，运算速度可以达到每秒几十万亿次浮点运算。IBM研制的"蓝色基因/L"超级计算机系统是目前世界上运算速度最快的电子计算机，达到每秒136.8万亿次浮点运算；同时，软件生产的工程化程度不断提高，操作系统不断完善，应用软件已成为现代工业的一部分。

（四）计算机的特点

1.计算速度快

计算机的处理速度用每秒可以执行多少百万条指令（million of in structions per second，MIPS）来衡量，巨型机的运算速度可以达到上千个MIPS，这也是计算机被广泛使用的主要原因之一。

2.存储能力强

目前，一个普通的家用计算机存储能力可以达到上百GB，更有多种移动存储设备可以使用，为人类的工作、学习提供了巨大的方便。

3.计算精度高

对于特殊应用的复杂科学计算，计算机均能够达到要求的计算精确度，如卫星发射、天气预报等海量数据的计算。

4.可靠性高、通用性强

由于采用了大规模和超大规模集成电路，计算机具有非常高的可靠性，大型机可以连续运行几年。同一台计算机可以同时进行科学计算、事务管理、数据处理、实时控制、辅助制造等功能，通用性非常强。

5.可靠的逻辑判断能力

采用"程序存储"原理，计算机可以根据之前的运行结果，逻辑地判断下一步如何执行，因此，计算机可以广泛地应用在非数值处理领域，如信息检索、图像识别等。

（五）计算机的应用

计算机的应用已经渗透到了人类社会的各个领域，成为未来信息社会的强大支柱。目前，计算机的应用主要在以下五个方面：

1.科学计算

科学计算包括最早的数学计算（数值分析等）和在科学技术与工程设计中的计算问题，如核反应方程式、卫星轨道、材料结构、大型设备的设计等。这类计算机要求速度快、精度高、存储量大。

2.数据处理

目前，数据处理已经成为最主要的计算机应用，包括办公自动化（OA）、各种管理信息系统（MIS）、专家系统（ES）等。在以后相当长的时间里，数据和事务处理仍是计算机最主要的应用领域。

3.过程控制

日常生活中的各个领域都存在过程控制，特别是工业和医疗行业。一般用于控制的计算机需要通过模拟/数字转换设备获取外部数据信息，经过识别处理后，再通过数字/模拟转换进行实时控制。计算机的过程控制可以大大提高生产的自动化水平、劳动生产率和产品质量。

4.计算机辅助系统

目前，广泛应用的计算机辅助系统包括计算机辅助设计（CAD）、计算机辅助制造（CAM）、计算机辅助测试（CAT）、计算机集成制造（CIMS）、计算机辅助教学（CAI）等。

5.计算机通信

计算机通信技术是近年来飞速发展起来的一个重要应用领域，主要体现在网络发展中。特别是多媒体技术的日渐成熟，给计算机网络通信添加了新的内容。随着全数字网络（ISDN）的广泛应用，计算机通信将进入更高速的发展阶段。

（六）微型计算机

微型计算机又称为个人计算机（personal computer，PC），它的核心部件是微处理器。世界上第一台4位PC机（MCS-4）是1971年Intel公司的马西安·霍夫研制而成的，他成功地将CPU（控制器与运算器组成）集成在一个芯片上（Intel4004）。此后，每18个月，微处理器的集成度和处理速度提高一倍，价格下降一半，依次研制出8位机Intel 8080、16位机Intel 80286和32位机Intel 80386。1993年研制出Pentium系列微处理器，2001年5月29日，Intel正式发布64位机微处理芯片itanium，每秒可执行64亿次浮点操作。

PC机是大规模、超大规模集成电路的产物。自问世以来，因其小巧、轻便、价格便宜、使用方便等优点得到迅速发展，并成为计算机市场的主流。目前PC机已经应用于社会的各个领域，几乎无所不在。微型机主要分为台式机、笔记本电脑和个人数字助理（PDA）三种。

（七）计算机的主要性能指标

1.主频即时钟频率

主频即时钟频率指计算机的CPU在单位时间内发出的脉冲数。它在很大程度上决定了计算机的运行速度。主频的单位是赫兹（Hz），目前微型机的主频达到2 GHz以上。

2.字长

字长是指计算机的运算部件能同时处理的二进制数据的位数。它决定了计算机的运算精确度。目前微型机大多为32位机，部分高档机达到64位。

3.存储容量

存储容量是指计算机内存的存储能力，单位为字节。

4.存取周期

存储器进行一次完整读写操作所用的时间称为存取周期。"读"指将外部数据信息存入内存储器，"写"指将数据信息从内部存储器保存到外存储器。目前微型机的存取周期能够达到几十纳秒。

除了上面提到的四项主要指标外，还应考虑机器的兼容性、系统的可靠性与可维护性等其他性能指标。

二、计算机系统的组成

计算机系统是由计算机硬件和计算机软件组成的。计算机硬件是指构成计算机的所有实体部件的集合，通常这些部件由电路（电子元件）、机械元件等物理部件组成。它们都是看得见、摸得着的物体。软件主要是一系列按照特定顺序组织的计算机数据和指令的集合，较为全面的定义为软件是计算机程序、方法和规范及其相应的文档，以及在计算机上运行时所必需的数据。软件是相对于机器硬件而言的。

（一）计算机的硬件系统

当前的计算机仍然遵循被誉为"计算机之父"的冯·诺依曼提出的基本原理运行。冯·诺依曼原理的基本思想如下：①采用二进制形式表示数据和指令。指令由操作码和地址码组成。②将程序和数据存放在存储器中，使计算机在工作时从存储器取出指令加以执行，自动完成计算任务。这就是"存储程序"和"程序控制"（简称存储程序控制）的概念。③指令的执行是顺序的，即一般按照指令在存储器中存放的顺序执行，程序分支由转移指令实现。④计算机由存储器、运算器、控制器、输入设备和输出设备五大基本部件组成，并规定了五部分的基本功能。

冯·诺依曼原理的基本思想奠定了现代计算机的基本架构，并开创了程序设计的时代。采用这一思想设计的计算机被称为冯·诺依曼机。冯·诺依曼机有五大组成部件。原始的冯·诺依曼机在结构上是以运算器为中心的，但演变到现在，电子数字计算机已经转向以存储器为中心。

在计算机的五大部件中，运算器和控制器是信息处理的中心部件，所以它们合称为"中央处理单元"（central processing unit，CPU）。存储器、运算器和控制器在信息处理中起着主要作用，是计算机硬件的主体部分，通常被称为"主机"。而输入（input）设备和输出（output）设备统称为"外部设备"，简称为外设或I/O设备。

1.存储器

存储器（memory）是用来存放数据和程序的部件。对存储器的基本操作是按照要求向指定位置存入（写入）或取出（读出）信息。存储器是一个很大的信息储存库，被划分成许多存储单元，每个单元通常可存放一个数据或一条指令。为了区分和识别各个单元，并按指定位置进行存取，给每个存储单元编排了一个唯一对应的编号，称为"存储单元地址"（address）。存储器所具有的存储空间大小（所包含的存储单元总数）称为存储容量。通常存储器可分为两大类：主存储器和辅助存储器。

（1）主存储器。主存储器能直接和运算器、控制器交换信息，它的存取时间短但容量不够大；由于主存储器通常与运算器、控制器形成一体组成主机，所以也称为内存储器。主存储器主要由存储体、存储器地址寄存器（MAR）、存储器数据寄存器（MDR）及读写控制线路构成。

（2）辅助存储器。辅助存储器不直接和运算器、控制器交换信息，而是作为主存储器的补充和后援，它的存取时间长但容量极大。辅助存储器常以外设的形式独立于主机存在，所以辅助存储器也称为外存储器。

2.运算器

运算器是对信息进行运算处理的部件。它的主要功能是对二进制编码进行算术（加减乘除）和逻辑（与或非）运算。运算器的核心是算术逻辑运算单元（ALU）。运算器的性能是影响整个计算机性能的重要因素，精度和速度是运算器重要的性能指标。

3.控制器

控制器是整个计算机的控制核心。它的主要功能是读取指令、翻译指令代码并向计算机各部分发出控制信号，以便执行指令。当一条指令执行完以后，控制器会自动地去取下一条将要执行的指令，依次重复上述过程直到整个程序执行完毕。

4.输入设备

人们编写的程序和原始数据是经输入设备传输到计算机中的。输入设备能将程序和数据转换成计算机内部能够识别和接收的信息方式，并按照顺序把它们送入存储器中。输入设备有许多种，例如键盘、鼠标、扫描仪和光电输入机等。

5.输出设备

输出设备将计算机处理的结果以人们能接受的或其他机器能接受的形式送出。输出设备同样有许多种，例如显示器、打印机和绘图仪等。

计算机各部件之间的联系是通过两种信息流实现的。粗线代表数据流，细线代表指令流。数据由输入设备输入，存入存储器中；在运算过程中，数据从存储器读出，并送入运算器进行处理；处理的结果再存入存储器，或经输出设备输出；而这一切则是由控制器执行存于存储器的指令实现的。

（二）计算机的软件系统

计算机软件是指能使计算机工作的程序和程序运行时所需要的数据，以及与这些程序和数据有关的文字说明和图表资料，其中文字说明和图表资料又称为文档。软件也是计算机系统的重要组成部分。相对于计算机硬件而言，软件是计算机的无形部分，但它的作用很大。

如果只有好的硬件，没有好的软件，计算机不可能显示出它的优越性能。

计算机软件可以分为系统软件和应用软件两大类。系统软件是指管理、监控和维护计算机资源（包括硬件和软件）的软件。系统软件为计算机使用提供最基本的功能，但并不针对某一特定应用领域。而应用软件则恰好相反，不同的应用软件根据用户和所服务的领域提供不同的功能。

1.系统软件

目前，常见的系统软件有操作系统、各种语言处理程序、数据库管理系统及各种服务性程序等。

（1）操作系统。操作系统是最底层的系统软件，它是对硬件系统功能的首次扩充，也是其他系统软件和应用软件能够在计算机上运行的基础。操作系统实际上是一组程序，它们用于统一管理计算机中的各种软、硬件资源，合理地组织计算机的工作流程，协调计算机系统各部分之间、系统与用户之间、用户与用户之间的关系。由此可见，操作系统在计算机系统中占有非常重要的地位。通常，操作系统具有五个方面的功能，即存储管理、处理器管理、设备管理、文件管理和作业管理。

（2）语言处理程序。人们要利用计算机解决实际问题，首先要编制程序。程序设计语言就是用来编写程序的语言，它是人与计算机之间交换信息的渠道。程序设计语言是软件系统的重要组成部分，而相应的各种语言处理程序属于系统软件。程序设计语言一般分为机器语言、汇编语言和高级语言三类：①机器语言。机器语言是最底层的计算机语言。用机器语言编写的程序，计算机硬件可以直接识别。②汇编语言。汇编语言是为了便于理解与记忆，将机器语言用助记符号代替而形成的一种语言。③高级语言。高级语言与具体的计算机硬件无关，其表达方式接近于被描述的问题，易为人们所接受和掌握。用高级语言编写程序要比低级语言容易得多，并大大简化了程序的编制和调试，使编程效率得到大幅度的提高。高级语言的显著特点是独立于具体的计算机硬件，通用性和可移植性好。

（3）数据库管理系统。随着计算机在信息处理、情报检索及各种管理系统中应用的发展，要求大量处理某些数据，建立和检索大量的表格。如果将这些数据和表格按一定的规律组织起来，可以使这些数据和表格处理起来更方便、检索更迅速，用户使用更方便，于是出现了数据库。数据库就是相关数据的集合。数据库和管理数据库的软件构成数据库管理系统。数据库管理系统目前有许多类型。

（4）服务程序。常见的服务程序有编辑程序、诊断程序和排错程序等。

2.应用软件

应用软件是指除了系统软件以外的所有软件，它是用户利用计算机及其提供的系统软件为解决各种实际问题而编制的计算机程序。计算机已渗透到了各个领域，因此，应用软件是多种多样的。常见的应用软件如下：①用于科学计算的程序包；②字处理软件；③计算机辅助设计、辅助制造和辅助教学软件；④图形软件等。例如文字处理软件Word、WPS和Acrobat，报表处理软件Excel，软件工具Norton，绘图软件AutoCAD、Photoshop等。

（三）硬件与软件的逻辑等价性

现代计算机不能简单地被认为是一种电子设备，而是一个十分复杂的由软、硬件结合而成的整体。而且，在计算机系统中并没有一条明确的关于软件与硬件的分界线，没有一条硬性准则来明确指定什么必须由硬件完成、什么必须由软件来完成。因为，任何一个由软件所完成的操作也可以直接由硬件来实现，任何一条由硬件所执行的指令也能用软件来完成。这就是所谓的软件与硬件的逻辑等价。例如在早期计算机和低档微型机中，由硬件实现的指令较少，像乘法操作，就由一个子程序（软件）去实现。但是，如果用硬件线路直接完成，速度会很快。另外，由硬件线路直接完成的操作，也可以由控制器中微指令编制的微程序来实现，从而把某种功能从硬件转移到微程序上。另外，还可以把许多复杂的、常用的程序硬件化，制作成所谓的"固件"（firmware）。固件是一种介于传统的软件和硬件之间的实体，功能上类似于软件，但形态上又是硬件。对于程序员来说，通常并不关心究竟一条指令是如何实现的。

微程序是计算机硬件和软件相结合的重要形式。第三代以后的计算机大多采用了微程序控制方式，以保证计算机系统具有最大的兼容性和灵活性。从形式上看，用微指令编写的微程序与用机器指令编写的系统程序差不多。微程序深入机器的硬件内部，以实现机器指令操作为目的，控制着信息在计算机各部件之间流动。微程序也基于存储程序的原理，把微程序存放在控制存储器中，所以也是借助软件方法实现计算机工作自动化的一种形式。这充分说明软件和硬件是相辅相成的。第一，硬件是软件的物质支柱，正是在硬件高度发展的基础上才有了软件的生存空间和活动场所。没有大容量的主存和辅存，大型软件将发挥不了作用，而没有软件的"裸机"也毫无用处，等于没有灵魂的人的躯壳。第二，软件和硬件相互融合、相互渗透、相互促进的趋势正越来越明显。硬件软化（微程序即是一例）可以增强系统功能和适应性。软件硬化能有效发挥硬件成本日益降低的优势。随着大规模集成电路技术的发展和软件硬化的趋势，软硬件之间明确的划分已经显得比较困难了。

第二节　计算机硬件与软件技术

一、计算机硬件

计算机的广泛应用，使得人们的工作和生活变得更加便捷。随着科技的不断创新和改革，计算机的运行状态及其配置程度发生了巨大的变化，计算机在人们生活和工作中起到了越来越大的作用。人们对于计算机有了更多的需求，从而推动计算机中相关技术不断提高。要想应用好计算机就必须使计算机硬件相关技术指标合格。计算机技术的更新换代，也使与计算机相关的诊断技术、维护技术、存储技术等都扩大了其应用范围。

（一）计算机硬件技术

1.诊断技术

诊断技术是对计算机运行过程中出现的问题故障进行诊断，利用诊断系统检测故障出现的原因。在这一流程中，为了保证计算机能够自动运行诊断技术，一般采用诊断系统与数据生成系统结合的方式。数据生成系统能够将输入计算机的数据变成系统的网络，然后对计算机的硬件进行检测。诊断系统根据数据生成系统的报告对计算机的问题故障进行解决并且生成报告。在诊断技术的进行中，一般会有一台独立的计算机为诊断机使用，从而可以采取微诊断、远程诊断等多种多样的诊断形式。

2.存储技术

随着计算机的普及，计算机也在不断地更替，以多种形式出现。在不断发展过程中计算机的存储技术也在不断地提升。存储技术有 NAS、SAN、DAS 等多种模式。不同的模式有不同的用处及优缺点。例如 NAS 模式具有优良的延展性，所占服务器的资源较少，但是传输速度慢，直接影响了计算机的网络高性能；SAN 模式在速度和延展性上都有优势，但是 SAN 技术复杂，成本较高；DAS 模式操作简单、成本低、性价比高，不足之处在于安全性较差、延展性差。

3.加速技术

计算机给人们带来的是效率，人们追求的也是高速的数据处理系统，因此，在数据的处理速度上需要不断地改进，做到更快。近年来，加速技术逐渐成为计算机领域研究的重点内容。在加速技术不断发展的过程中，利用硬件的功能特色来替代软件算法的技术也在不断生成中，成为技术人员研发的重点内容；在信息的处理中，硬件技术充分地发挥了调用程序及数据分析处理的功能，有效提高了计算机的工作效率。要提高计算机的加速技术，可以在计算机里面增添一些对应的软件，将软件功能聚集起来，以此协助CPU同步运算，加快计算机的运行速度，从而提高计算机数据处理速度及运行能力。

4.开发技术

当前，就计算机的发展来说，开发技术主要针对嵌入式硬件技术平台。嵌入式硬件技术平台包括了嵌入式的控制器、处理器及芯片。控制器可以在单片计算机的芯片中形成一个集合，以实现多种多样的功能，减少成本，减少计算机的整体大小，为后续微型计算机的发展奠定基础。在计算机硬件技术的发展中，同时也注重了数字信号处理器的研发，这样能够有效地提升计算机整体的速度，提升计算机的性能。

5.维护技术

维护技术能保证计算机硬件正常运行。有时候，计算机在运行的过程中难免会遇到一些问题，而维护技术则会对容易出现问题的部件进行保养与维护；同时，使用者也要学会一些计算机的维护方法，对于计算机时常出现的小问题能够及时处理，比如清洁、除锈工作。清洁、除锈等工作是必要的，以保证计算机在优良的状态下高效工作。

6.计算机硬件的制造技术

我国计算机硬件的制造技术正不断发展，可以制造光驱、声卡、显卡、内存、主板等一系列的硬件。但是，我国目前在CPU方面的技术并不是很理想，仍须不断努力。我国计算机硬件的核心制造技术主要包括微电子技术和光电子技术。只有拥有良好的硬件制造技术，计算机行业才可以开发软件和进行正常工作，计算机硬件的制造技术是未来社会发展的必然趋势。

（二）计算机硬件技术的发展

1.计算机硬件技术的发展现状

随着计算机的普及与发展，计算机的操作也在不断简化，计算机逐渐地朝着微型化、巨型化、智能化、网络化的方向投入发展。根据人们工作的需要，计算机的各种细节都在不断地被细化，要求的效率也更高了。计算机的使用能够更快地完成数据的调查、统计与收集工作。计算机硬件的发展需要在不断研发中得到进一步的完善与强化，由此不仅可以保证问题解决的速度，还能够同时解决更多的问题，从而能够在解决问题的基础上达到保证质量。在硬件技术的发展中，微型处理器可以说是其中的代表性部件。首先，微型处理器在计算机硬件技术中是十分重要的一部分，计算机每一个功能的使用都需要以此作为基础；其次，微型处理器的存在能够在整体上提高计算机的性能。由此可以知道，计算机硬件技术的发展状况十分理想，在各个方面都取得了一定的成就。

2.计算机硬件技术的发展前景

根据计算机硬件技术的发展现状，计算机硬件技术会朝着超小型、超高速、智能化等方向发展。就智能化来说，计算机会具有更多的感知功能，并且会具有更加人性化的判断和思考能力及语言能力。首先，除了计算机当前已有的输入设备之外，还会有直接人机接触的设备出现。这种直接人机接触设备让人在使用中有一种身临其境的感觉，也是虚拟不断转化为现实技术发展的集中体现。其次，硬件技术中的芯片也会不断地发展，比如，硅技术、硅芯片在我国计算机领域中也在不断的发展中壮大，这也是世界各国研究人员研究新型计算机的基础所在。根据计算机硬件技术的发展速度，在未来会出现并普及更多的新型分子计算机、纳米计算机、量子计算机、光子计算机等。

3.计算机硬件技术的发展趋势

（1）变得更加小巧

对于计算机硬件技术的发展，就体积上来说，一直不断地在追求精巧。体积小巧可以更加方便日常携带。如果发展得更为迅速的话，硬件甚至可以放置在口袋内、衣服上甚至是皮肤里面。这样的变革是由生产的速度、芯片的低价格、体积变小共同完成的。首先，纳米技术在电子产品领域的使用，使得数码产品、电器产品在功能上变得更加齐全，也更为智能化；其次，现在平板电脑、掌上电脑的数据处理等运用性能也在不断地改进和完善，在未来将会给人们生活工作带来极大的便利。

（2）变得更加个性化

计算机在未来的发展中，在芯片和交互软件上都会有很大的革新。在未来的某一天，人与计算机通过语音交流也会成为一种时尚。首先，现在我们需要通过语音识别让计算机认知我们在说什么。而在未来，只要计算机认知了我们的"唇语"，便能知道我们在说什么。甚至，使用者的一个动作就能够让计算机了解使用者在说什么，想要做什么，明白各种形式的指令。其次，个性化的计算机应该还有更为顺应潮流的功能，比如，指纹认证、声控认证等，这样能够保证使用者的隐私权。

（3）变得更加聪明

随着计算机系统的不断优化，数据处理系统的进步，使得计算机也逐渐地变得更为聪明。有效的软件控制和整体性能的硬件技术的提高，将会衍生出能够主动学习的个人计算机。就像制作机器人一样，在计算机领域也能够制作出智能人。虽然在这个发展过程中有着许多的技术障碍，但是这一研究却是有很大的概率实现的。在未来的发展中，顺应时代发展潮流，计算机能够为个人的生活、工作带来极大的便利。同时可以根据主人的习惯，在后期逐渐地了解使用者的需要，掌握他的心意，从而能够更为主动地去寻找信息，并主动地获得信息、提供信息。

4.计算机发展的措施和目标

在巨大的社会变革和科技飞跃的影响下，计算机重要的组成部位与核心构件——处理器内存等硬件设备，从巨大到小巧、从笨拙到灵便，但是唯一不变的是其性能越来越强。巨型化、微型化、网络化和智能化是计算机硬件未来的方向发展。GPU技术出现仅仅几年，就迅速成为研究热点，足以看出此项技术具有广阔的发展前景，但面向GPU的软件开发依然是制约其应用的主要瓶颈。受功耗、传统集成电路技术等制约，单CPU性能提高有很大的局限性。开发新材料、完善计算机封装结构成为提高计算性能的新途径，高性能软硬件一体化发展是高性能计算大力推广的关键。目前硬件发展优于软件，所以必须大力发展软件产业，充分发挥硬件的性能优势。

计算机硬件技术在未来的发展历程中，将会有更大的进步与创新，也会推动我国乃至全球经济的迅速发展，为人类的发展历程寻求新的突破。硬件技术的作用众所周知，要想实现技术更好应用，就必须注重硬件技术的发展与开发，才能够有效地提高计算机的综合性能。

二、计算机软件技术

计算机软件的发展受到应用和硬件的推动与制约；同时，软件的发展也推动了应用和硬件的发展。

（一）计算机软件技术的发展

软件技术发展历程大致可分为以下三个不同时期：一是软件技术发展早期（20世纪五六十年代）；二是结构化程序和对象技术发展时期（20世纪七八十年代）；三是软件工程技术发展时期（从20世纪90年代到现在）。

1.软件技术发展早期

在计算机发展早期，应用领域较窄，主要是科学与工程计算，处理对象是数值数据。1956年，为IBM机器研制出第一个实用高级语言及其翻译程序，此后，相继又有多种高级语言问世，从而使设计和编制程序的功效大为提高。这个时期计算机软件的巨大成就之一，就是在当时的水平上成功地解决了两个问题：一方面，开始设计出了具有高级数据结构和控制结构的高级程序语言；另一方面，又发明了将高级语言程序翻译成机器语言程序的自动转换技术，即编译技术。然而，随着计算机应用领域的逐步扩大，除了科学计算继续发展以外，出现了大量的数据处理和非数值计算问题。为了充分利用系统资源，出现了操作系统；为了适应大量数据处理问题的需要，出现了数据库及其管理系统，软件规模与复杂性迅速增大。当程序复杂性增加到一定程度以后，软件研制周期难以控制，正确性难以保证，可靠性问题相当突出。为此，人们提出用结构化程序设计和软件工程方法来克服这一危机。软件技术发展随之进入一个新的阶段。

2.结构化程序和对象技术发展时期

从20世纪70年代初开始，大型软件系统的出现给软件开发带来了新问题。大型软件系统的研制需要花费大量的资金和人力，可是研制出来的产品却是可靠性差、错误多、维护和修改也很困难。一个大型操作系统有时需要几千人一年的工作量，而所获得的系统又常常会隐藏着几百甚至几千个错误。程序可靠性很难保证，程序设计工具的严重缺乏也使软件开发陷入困境。

结构程序设计的讨论催生了一系列的结构化语言。这些语言具有较为清晰的控制结构，与原来常见的高级程序语言相比有一定的改进，但在数据类型抽象方面仍显不足。面向对象技术的兴起是这一时期软件技术发展的主要标志。"面向对象"这一名词在20世纪80年代初由Small-talk语言的设计者首先提出，尔后逐渐流行起来。面向对象的程序结构将数据及其数据作用的操作一起封装，组成抽象数据或者叫作对象。具有相同结构属性和操作的一组对象构成对象类。对象系统就是由一组相关的对象类组成，能够以更加自然的方式模拟外部世界现实系统的结构和行为。对象的两大基本特征是信息封装和继承。通过信息封装，在对象数据的外围好像构筑了一堵"围墙"，外部只能通过围墙的"窗口"去观察和操作围墙内的数据，这就保证了在复杂的环境条件下对象数据操作的安全性和一致性。通过对象继承可实现对象类代码的可重用性和可扩充性。可重用性能处理父、子类之间具有相似结构的对象共同部分，避免代码一遍又一遍的重复。可扩充性能处理对象类在不同情况下的多样性，在原有代码的基础上进行扩充和具体化，以求适应不同的需要。传统的面向过程的软件系统以过程为中心。过程是一种系统功能的实现，而面向对象的软件系统是以数据为中心。与系统功能相比，数据结构是软件系统中相对稳定的部分。对象类及其属性和服务的定义在时间上保持相对稳定，还能提供一定的扩充能力，这样就可大为节省软件生命周期内系统开发和维护的开销。就像建筑物的地基对于建筑物的寿命十分重要一样，信息系统以数据对象为基础构筑，其系统稳定性就会十分牢固。到20世纪80年代中期以后，软件的蓬勃发展更来源于当时两大技术进步的推动力：一是微机工作站的普及应用；二是高速网络的出现。其带来的直接结果是：一个大规模的应用软件，可以由分布在网络上不同站点机的软件协同工作去完成。由于软件本身的特殊性和多样性，在大规模软件开发时，人们几乎总是面临各种困难。软件工程在面临许多新问题和新挑战后进入了一个新的发展时期。

3.软件工程技术发展时期

自从软件工程名词诞生以来，历经多年的研究和开发，人们深刻认识到，软件开发必须按照工程化的原理和方法来组织和实施。软件工程技术在软件开发方法和软件开发工具方面，在软件工程发展的早期，特别是20世纪80年代时的软件蓬勃发展时期，已经取得了非常重要的进步。软件工程作为一个学科方向，越来越受到人们的重视。但是，大规模网络应用软件的出现所带来的新问题，使得软件人员在如何协调合理预算、控制开发进度和保证软件质量等方面进入更加困难的境地。

进入20世纪90年代，Internet和WWW技术的蓬勃发展使软件工程进入一个新的技术发展时期。以软件组件复用为代表，基于组件的软件工程技术正在使软件开发方式发生巨大改变。早年软件危机中提出的严重问题，有望从此开始找到切实可行的解决途径。在这个时期，软件工程技术发展代表性标志有以下三个方面：

（1）基于组件的软件工程和开发方法成为主流

组件是自包含的，具有相对独立的功能特性和具体实现，并为应用提供预定义好的服务接口。组件化软件工程是通过使用可复用组件来开发、运行和维护软件系统的方法、技术和过程。

（2）软件过程管理进入软件工程的核心进程和操作规范

软件工程管理应以软件过程管理为中心去实施，贯穿于软件开发过程的始终。在软件过程管理得到保证的前提下，软件开发进度和产品质量也就随之得到保证。

（3）网络应用软件规模越来越大，使应用的基础架构和业务逻辑相分离

网络应用软件规模越来越大、复杂性越来越高，使得软件体系结构从两层向三层或者多层结构转移，使应用的基础架构和业务逻辑相分离。应用的基础架构由提供各种中间件系统服务组合而成的软件平台来支持，软件平台化成为软件工程技术发展的新趋势。软件平台为各种应用软件提供一体化的开放平台，既可保证应用软件所要求的基础系统架构的可靠性、可伸缩性和安全性的要求，又可使应用软件开发人员和用户只要集中关注应用软件的具体业务逻辑实现，而不必关注其底层的技术细节。当应用需求发生变化时，只要变更软件平台之上的业务逻辑和相应的组件实施就行了。

以上这些标志象征着软件工程技术已经发展上升到一个新阶段，但这个阶段尚未结束。软件技术发展日新月异，Internet的进步促使计算机技术和通信技术相结合，更使软件技术的发展呈现五彩缤纷的局面。软件工程技术的发展也永无止境。

软件技术是从早期简单的编程技术发展起来的，现在包括的内容很多，主要有需求描述和形式化规范技术、分析技术、设计技术、实现技术、文字处理技术、数据处理技术、验证测试及确认技术、安全保密技术、原型开发技术和文档编写及规范技术、软件重用技术、性能评估技术、设计自动化技术、人机交互技术、维护技术、管理技术和计算机辅助开发技术等。

（二）当前计算机软件技术的应用

众所周知，计算机最为重要的组成部分之一就是软件，软件也是计算机系统的核心部件。当前，随着科学技术的发展，计算机软件技术也已有了很大的发展。计算机软件技术的应用也已经涉及各个领域，其具体的应用领域主要体现在以下四个方面：

1.网络通信

信息时代的今天，人们都非常重视信息资源的共享和交换。同时，我国光网城市的建设使得我国网络普及的覆盖面积越来越宽，用户通过计算机软件进行网络通信的频率也是越来越多。在网络通信中，利用计算机软件可以实现不同区域、不同国家之间的异地交流沟通和资源共享，将世界连接成为一个整体。比如利用计算机软件技术可以进行网络会议，也可以视频聊天，给我们的工作和生活都带来了无限的可能。

2.工程项目

不难发现，与过去相比，一个工程项目无论是从工作质量还是完成速率来看，都有着突飞猛进的发展。这是因为在工程项目中应用了计算机软件技术，其为工程项目带来了非常大的帮助。比如将工程制图计算机软件应用于工程项目中可以大大提高工程的设备准确率和效率；在工程管理计算机软件应用于工程项目中对工程的管理提供了便捷；此外，将工程造价计算机软件应用于工程管理中不仅可以保障对工程造价评估的准确性，还能为工程节约大量成本。总而言之，在工程项目中计算机软件技术对工程无论是质量、效率还是成本都有着非常重要的作用。

3.学校教学

与传统的教学方式相比，现代的教育中应用计算机软件技术有着质的飞跃。传统教育中往往是老师在黑板上用粉笔书写上课内容，对于教师而言，既耗时又耗力,对学生而言也会觉得非常无趣。而当前,我们在教学中应用计算机软件技术不仅可以有效提高教学效率,还能更好地激发学生学习的兴趣。比如,老师利用PPT等Office软件代替传统黑板书写,省事省力,学生也更感兴趣;还可以利用计算机软件让学生进行考试答卷,既保证了考试阅卷的准确性,也节约了大量的阅卷时间。

4.医院医疗

信息时代的今天,医疗方面也有了很大的改革。与现代医疗相比,传统医疗既昂贵又耽误时间。而当前,许多医院计算机软件技术的应用,为医院和病人提供了便利。比如,通过计算机软件可以实现病人预约挂号,为病人节约大量宝贵的时间。利用计算机软件技术实现病人在计算机终端取检查报告,既保障了病人医疗报告的隐私,也节约了病人排队取报告的时间。总之,医院医疗中计算机软件技术的应用,无论对医院还是病人都有着重要的现实意义。

计算机软件技术对我们的工作、生活、学习都有着重大的作用。计算机软件技术在网络通信、工程项目、学习教学及医院医疗等各方面的应用都彰显出计算机软件技术在我国各个发展领域的重要性。未来,计算机软件技术必然还会有着更加深远的发展。

第三节　计算机信息技术应用

一、信息技术的原理与功能

(一)信息技术的原理

任何事物的发展都是有规律的,科学技术也是如此。按照辩证唯物主义的观点,人类的一切活动都可以归结为认识世界和改造世界。从科学技术的发展历史来看,人类之所以需要科学技术,也正是因为科学技术可以为人类提供力量、智慧,能够帮助人类不断地认识和改造世界。信息技术的产生与发展也正是遵循着"为人类服务"这一规律的。信息技术在发展过程中遵循的原理如下:

1.信息技术发展的根本目的为辅人

信息技术的重大作用是作为工具来解决问题、激发创造力,以及使人们工作更有效率。在人类的最初发展阶段，人们的生活仅仅依靠自身的体力与自然抗争，采食果腹，抵御野兽。人类在赤手空拳地同自然做斗争的漫长过程中，逐渐认识到自身功能的不足。于是，人类就开始尝试借用或制造各种各样的工具来加强、弥补或延长自身器官的功能。这就是技术的最初起源。在很长一段时期内，由于生产力水平和生产社会化程度都很低，人们交往的时空比较狭窄，仅凭天赋的信息器官的能力就能满足当时认识世界和改造世界的需要。因此，尽管人们一直在同信息打交道，但尚无延长信息器官功能的迫切要求。只是到了近代，随着生产和实践活动的不断发展，人类需要面对和处理的信息越来越多，已明显超出人类信息器官的承载能力，人类才开始注意研制能够扩展和延长自身信息器官功能的技术，于是发展信息技术就成了这一时期的中心任务。以20世纪40年代为起点，经过20世纪五六十年代的酝酿和积累，终于迎来了信息技术的突飞猛进。人类在信息的获取、传输、存储、显示、识别和处理，以及利用信息进行决策、控制、组织和协调等方面都取得了骄人的成绩，并使得整个社会出现了"信息化"的潮流。至此，人类同信息打交道的方式和水平才发生了根本性的变革。

2.信息技术发展的途径为拟人

信息技术的有效应用符合高科技、高利用的原理，越是认为信息技术是"高科技"，考虑它的"高利用"就越重要。因此，应该始终使信息技术适应人，而不是叫人去适应信息技术的进步。随着人类发展的步伐逐渐加快，作为人类争取从自然中解放出来的有力武器，科学技术的辅人作用正是通过扩展和延长人类各种器官的功能得以实现的。人类在认识世界和改造世界的过程中，对自身某些器官的功能提出了新的要求，但是人类这些器官的功能却不可以无限发展，于是就有了通过应用某种工具和技术来达到延长自身器官功能的要求。例如斧、锄、起重机、机械手等生产工具，这些工具使肢体的能力得到补充和加强，从而使肢体的功能在体外得以延伸和发展。但是经过长期的实践，在人类逐渐掌握了这些工具和技术以后，又会对自身器官的功能水平提出新的要求。人类经过创造新技术进而掌握新技术，使自身对自然的认识达到一个新的水平，使得技术的更新不断地出现，不断向更高水平发展。如此周而复始，不断演进，在前进中提高人类认识自然、改造自然的能力。科学技术的发展历程总是与人类自身进化的进程相吻合。通过模拟和延长人体器官的功能，最终达到技术的进步。

3.信息技术发展的前景为人机共生

技术是人类创造出来的，机器是技术物化的成果。随着技术的进步，机器的功能越来越强大，在某些方面远远超过了人。通过这些机器，人类认识世界和改造世界的能力越来越强，尤其是自动化技术、信息技术和生物技术的飞速发展，使得用机器运转全面取代人的躯体活动，用电脑取代人脑、用人工智能取代人脑智能、用各种人造物全面取代人的身体等越来越从理想走入现实。人类不断利用"技术物"来超越自身，使自身从劳动的"苦役"中解放出来。然而，这种"技术化生存"方式在减轻人的负重的同时，也导致人的物化以及人对技术和技术物的依赖性。有人认为，在科技加速发展、人的物化加速强化的将来，人将被改造成物，变成生产和消费过程的附属品，人与物的界限将不再存在，人将失去他自身的本质，在物化中被消解掉。

然而，机器毕竟是机器。无论它如何发展，其智力都源自于人。没有人的高级智慧活动，机器本身是做不出任何创造性劳动的。因此，人与机器的关系应该是共生的。一方面，人离不开机器，需要利用机器拓展自己的生存范围；另一方面，机器不能离开人的智慧去独立发展。在两者的关系中，人以认识和实践的能动性而居于主导地位。科学技术作为自然科学的内容与产物，通常它只具备工具理性，而不具备人文科学所具备的价值理性。因此，科学技术掌握在具有不同价值观念的人手中，其社会效应是截然不同的。在未来人机关系中，人类能否居于主动地位，还取决于社会价值理念的标准与倾向。

（二）信息技术的功能

信息化是当今世界经济和社会发展的大趋势。为了迎接世界信息技术迅猛发展的挑战，世界各国都把发展信息技术作为21世纪社会和经济发展的一项重大战略目标，加快发展本国的信息技术产业，争抢经济发展的制高点。那么，作为一个信息时代的个体，我们应该对信息技术的功能有较为清醒的认识。只有这样，才能真正适应信息时代。下面，我们将从本体功能方面来分析信息技术的功能特征。

对信息技术本体功能的认识可以有很多视角。如果从延伸人类感觉器官和认知器官的角度来分析信息技术的本体功能，那么，信息技术的本体功能要表现在对信息的采集、传递、存储和处理等方面。

1.信息技术具有扩展人类采集信息的功能

我们可以通过各种方式采集信息，最直接的方式是用眼睛看、用鼻子闻、用耳朵听、用舌头尝。另外，我们还可以借助各种工具获取更多的信息，例如用望远镜我们可以看得更远，用显微镜可以观察微观世界。但是，据统计，信息化社会的数字化的信息量每18个月就翻一番。20世纪，科学知识每年的增长率从20世纪60年代的95%提高到20世纪80年代的125%，而进入20世纪90年代，人类的知识则以每七八年翻一番的速度增长。如此庞杂的知识靠传统的信息获取方式采集显然是不够的。现代信息技术的迅速发展，尤其是传感技术和网络技术的迅速发展，极大地突破了人类难以突破时间和空间的限制，弥补了采集信息的不足，扩展了人类采集信息的功能。

2.信息技术具有扩展人类传递信息的功能

信息的载体千百年来几乎没有变化，主要的载体依旧是声音、文字和图像，但是信息传递的媒介却经历了多次大的革命。从书报杂志到邮政电信、广播电视、卫星通信、国际互联网络等现代通信技术的出现，每一个进步都极大地改变了人类的社会生活，特别是人类的时空概念。计算机网络的出现，特别是国际互联网的出现，使得跨越时间、跨越国界和跨越文化的信息交往成为可能，这在很大程度上扩展了人类传递信息的功能。

3.信息技术具有扩展人类存储信息的功能

教育领域中曾流行"仓库理论"，认为大脑是存储事实的仓库，教育就是用知识去填满仓库。学生知道的事实越多，获取的知识越多，就越有学问。因此"仓库理论"十分重视记忆，认为记忆是存储信息和积累知识的最佳方法。但是在信息社会里，信息总量迅速膨胀，如此多的信息如果光靠记忆显然是不可能的。现代信息技术为信息存储提供了非常有效的方式，例如微技术，计算机软盘、硬盘、光盘及存储于因特网各个终端的各种信息资源。这样就有效地减轻了人类的记忆负担，同时也扩展了人类存储信息的功能。

4.信息技术具有扩展人类处理信息的功能

人们用眼睛、耳朵、鼻子、手等器官就能直接获取外界的各种信息，经过大脑的分析、归纳、综合、比较、判断等处理后，能产生有价值的信息。但是在很多时候，有很多复杂的信息需要处理。例如一些繁杂的航天、军事数据等，如果仅用人工处理是需要耗费非常大的精力的。这就需要一些现代的辅助工具，如计算机技术。在计算机被发明以后，人们将处理大量繁杂信息的工作交给计算机来完成，用计算机帮助我们收集、存储、加工、传递各种信息，效率大为提高，极大地扩展了人类处理信息的功能。

由此，我们可以简单概括为：传感技术具有延长人的感觉器官来收集信息的功能。通信技术具有延长人的神经系统传递信息的功能。计算机技术具有延长人的思维器官处理信息和决策的功能。缩微技术具有延长人的记忆器官存贮信息的功能。当然，对信息技术本体功能的这种认识是相对的、大致的，因为在传感系统里也有信息的处理和收集，而计算机系统里既有信息传递过程，也有信息收集的过程。

（三）信息技术的好处

1.信息技术增加了政治的开放性和透明度

一方面，信息化、网络化使人们更容易利用信息技术，人们通过互联网获取广泛的信息并主动参与国家的政治生活；另一方面，各级政府部门不断深入发展电子政务工程。政务信息的公开增加了行政的透明度，加强了政府与民众的互动。此外，各政府部门之间的资源共享增强了各部门的协调能力，从而提高了工作效率。政府通过其电子政务平台开展的各种信息服务，为人们提供了极大的方便。

2.信息技术促进了世界经济的发展

信息技术促进了世界经济的发展，主要体现在以下四点：①信息技术催生了一个新兴的行业——互联网行业。②信息技术使得人们的生产、科研能力获得极大提高。通过互联网，任何个人、团体和组织都可以获得大量的生产经营及研发等方面的信息，使生产力得到进一步的提高。③基于互联网的电子商务模式使得企业产品的营销与售后服务等都可以通过网络进行，企业与上游供货商、零部件生产商及分销商之间也可以通过电子商务实现各种交互。这不仅是一种速度方面的突飞猛进，更是一种无地域界限、无时间约束的崭新形式。④传统行业为了适应互联网发展的要求，纷纷在网上提供各种服务。

3.信息技术的发展造就了多元文化并存的状态

信息技术的发展造就了多元文化并存的状态，主要体现在以下三点：①网络媒体开始出现并逐渐成为"第四媒体"。互联网同时具备有利于文字传播和有利于图像传播的特点，因此能够促成精英文化和大众文化并存的局面。②互联网与其他传播媒体的一个主要区别在于传播权利的普及，因此有"平民兴办媒体"之说。③互联网造就了一种新的文化模式——网络文化。基于各种通过网络进行的传播和交流，它已经逐渐拥有了一些专门的语言符号、文字符号，形成了自己的特色。

4.信息技术改善了人们的生活

信息技术使人们的生活更加便利，远程教育也成为现实。虚拟现实技术使人们可以通过互联网尽情游览缤纷的世界。

5.信息技术推动信息管理进入了崭新的阶段

信息技术作为扩展人类信息功能的技术集合，对信息管理的作用十分重要，是信息管理的技术基础。信息技术的进步使信息管理的手段逐渐从手工方式向自动化、网络化、智能化的方向发展，使人们能全面、快速而准确地查找所需信息，更快速地传递多媒体信息，从而更有效地利用和开发信息资源。

二、信息技术发展与应用

（一）计算机信息技术的不同应用

1.计算机数据库技术在信息管理中的应用

随着现代化信息技术发展水平的不断提升，数据库技术成为新型发展技术的代表。其运用优势主要体现在：一是可以在短时间内完成对大量数据的收集工作；二是实现对数据的整理和存储；三是利用计算机对相关有效数据进行分析和汇总。在市场竞争激烈的背景下，其应用范围得到不断拓展。应用计算机数据库技术需要注意以下三点。

（1）掌握数据库的发展规律。在数据发展体系的运行背景下，数据分布带有很强的规律性。换而言之，虽然数据的来源和组织形式存在很大的不同，但是在经过有效的整合之后，会表现出很多相同点，从而可以找到最佳排序方法。

（2）计算机数据库技术具有公用性。数据只有在半开放的条件下才能发挥出应有的价值。数据库建立初始阶段，需要用户注册信息，并设置独立的账户密码，从而实现对信息的有效浏览。

（3）计算机数据库技术具有孤立性。虽然在大多数情况下数据库技术都会联合其他技术共同完成任务，但是数据库技术并不会因此受到任何影响，也就是说数据库技术的软、硬件系统不会与其他技术发生冲突，逻辑结构也不会因此改变。

2.计算机网络安全技术的应用

计算机网络安全技术的应用主要有以下三个方面：

（1）计算机网络的安全认证技术。利用先进的计算机网络发展系统，可以对经过合法注册的用户信息做好安全认证，这样可以从根本上避免非法用户窃取合法用户的有效信息进行非法活动。

（2）数据加密技术。加密技术的最高层次就在于打乱系统内部有效信息，保证未经授权的用户无法看懂信息内容，可以有效保护重要的机密信息。

（3）防火墙技术。无论是哪种网络发展系统，安装防护墙都是必要的，其最主要的作用在于有效辅助计算机系统屏蔽垃圾信息。

（4）入侵检测系统。安装入侵检测系统的主要目的是保证可以及时发现系统中的异常信息，实施安全风险防护措施。

3.办公自动化中计算机信息处理技术的应用

在企业的发展中，需要建立完善的办公信息平台发展体系，可以实现企业内部的有效交流和资源共享，可以最大限度地帮助企业提高工作效率，保证发展的稳定性，可以在激烈的市场竞争中获得生存发展的空间。其中，文字处理技术是企业办公自动化体系的重要构成因素。科学、合理地运用智能化文字处理技术，可以保证文字编辑工作不断向着智能化、快捷化方向发展，利用WPS、Word等办公软件，可以提高办公信息排版及编辑水平，为企业创造一个高效化的办公环境。数据处理技术的发展要点在于，需要对数据处理软件进行优化升级。通过对数字表格的应用，实现企业整体办公效率的提高，有利于提高数据库管理系统的工作效率。

4.通过语音识别技术获取重要家庭信息

我国已进入老龄化发展阶段，年轻人因为生活压力一般都会在外打拼，所以会出现"空巢"老人，他们常常觉得内心孤独。此时，可以有效利用计算机信息技术的语音功能，与老人进行日常交流，还可以记录老人想对子女说的话，方便沟通。

（二）计算机信息技术发展方向

1.应用多媒体技术

在计算机信息系统管理过程中，有效融入多媒体管理技术，可以保证项目任务的有效完成。众所周知，不同的工程项目都有其自身发展的独特性。在使用多媒体技术进行处理的过程中，难免会出现一些问题，使得用户无法继续接下来的操作。因此，为了能够从根本上减少项目的问题，就需要结合计算机和新媒体技术，完成相应的开发和互相融合工作。

2.应用网络技术

每一个发展中的企业都需要完善内部的相应管理体系。但是在实际工作中，不同企业的具体运营状况也存在很大的不同。如果要及时、有效地解决一些对企业发展影响重大的问题，就应建立与完善相关的信息发展平台，在内部实现信息共享。企业信息技术部门还要带头组建网络管理群，这样，可以保证企业高层通过网络数据了解到员工的切实需要和企业运作发展状况，为实现企业的可持续发展打下坚实基础。

3.微型化、智能化

众所周知，在现代化的发展进程中，由于生活节奏不断加快，需要不断完善社会建设功能，特别是在当今信息传播如此之快的发展时期，计算机信息技术的应用为了迎合大多数人的发展需要，应不断向智能化和微型化方向转变。那时，人们就可以在各种微小型的设备上，随时随地获得想要了解的信息，完善智能发展要点，并将其应用于工作与学习中，有效提升发展效率，满足人们的不同发展需要。

4.人性化

随着工业革命的完成，规范化生产模式被实现，计算机信息技术成为辅助人类进行生产与生活的重要组成部分，就像人们接受手机、电脑一样，智能计算机信息技术同样会受到广泛欢迎。相较于现阶段，其应用领域将会无限扩大，大到航天航空领域，小到家庭生活，都在运用计算机管家。而且，计算机信息技术会不断向多元化方向发展，民用化带来的突出变化在于计算机信息技术将会和日常商品一样，可供众多家庭选择。

5.人机交互

在现阶段的发展过程中，已开始出现人机交互的发展模式，像某些手机推出的语音助手，可以帮助人们有效解决实际存在的问题，不仅应用起来很简单，而且系统清晰地展示出人机交互的逻辑思维，可以根据人的情感变化做出反应，这看似相互独立的个体将会在未来有机结合在一起，人机教育也将成为未来发展的一大趋势。

随着社会经济不断发展，科学技术研究领域日益完善，在当今各项科研成果日益丰硕的时代，一定程度上加速了计算机产品更新换代的速度，而且计算机信息技术包含的范围与涉及的知识要点很多。因此，研发的脚步不能停止，必须不断挖掘其使用潜能，保证人们的生活质量得到有效提升。在未来社会，人们对科技的需求会越来越多，因此，必须投入大量的人力、物力、财力，以推动相关部门的研究工作。

第三章　计算机网络数据通信技术

第一节　数据通信概述

一、信息、数据与信号

（一）信息

一般认为，信息是人们对现实世界事物存在方式或运动状态的某种认识。从信息论的角度看，信息是不确定性的消除。信息的载体可以是数值、文字、图形、声音、图像及动画等。信息不仅能够反映事物的特征、运动和行为，还能够借助媒介传播和扩散。也就是说，信息不是事物本身，而是事物发出的消息、情报、数据、指令、信号等包含的意义。

（二）数据

数据是指把事件的某些属性规范化后的表现形式，数据可以被识别，也可以被描述。根据其连续性数据可分为模拟数据与数字数据。模拟数据取连续值，数字数据取离散值。

（三）信号

数据在被传输之前，要变成适合传输的电磁信号，即模拟信号或数字信号，如图3-1所示。信号是数据的电气或电磁表示形式，一般以时间为自变量，以表示信息（数据）的某个参量（振幅、频率或相位）为因变量。

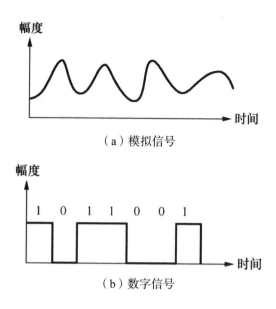

（a）模拟信号

（b）数字信号

图3-1　模拟信号与数字信号波形图

模拟数据和数字数据都可用这两种信号表示。模拟信号的某种参量，如振幅和频率，可以表示要传输的信息，模拟信号是指代表消息的参数取值随时间连续变化的信号。数字信号是指代表消息的参数取值是离散的信号，如计算机通信使用的由二进制代码"0"和"1"组成的信号。数字信号在通信线路上传输时要借助电信号的状态来表示二进制代码的值。电信号可以呈现两种状态，分别用"0"和"1"来表示。

模拟信号和数字信号在一定条件下可以相互转化。模拟信号可以通过采样、量化、编码等步骤变成数字信号，而数字信号可以通过解码、平滑等步骤恢复为模拟信号。

二、基带信号和宽带信号

信号也可以分为基带信号和宽带信号。

（一）基带信号

基带信号是指信源发出的没有经过调制的原始信号，如人们说话的声波就是基带信号。基带信号的特点是频率低，信号频谱从零频附近开始，具有低通形式。在近距离范围内基带信号衰减不大，信号内容不会发生变化，因此在传输距离较近时，计算机网络往往采用基带传输方式，如从计算机到监视器、打印机等外设信号都是采用基带传输。大多数局域网也采用基带传输，如以太网、令牌环网等。

（二）宽带信号

宽带信号又称为频带信号。在远距离通信中，由于基带信号具有频率很低的频谱分量，出于抗干扰和提高传输速率的考虑一般不宜直接传输，需要将基带信号变换为频带适合在信道中传输的信号，变换后的信号就是频带信号。频带信号主要用于网络电视和有线电视的信号传输。为了提高传输介质的带宽利用效率，频带信号通常采用多路复用技术。

三、信道及其分类

（一）信道的概念

在许多情况下，我们要使用信道来表示向某一个方向传输信息的媒体，包括传输介质和通信设备。传输介质可以是有线传输介质，如电缆、光纤等，也可以是无线传输介质，如电磁波。

（二）信道的分类

信道可以按不同方法进行分类，常见的分类方式有如下三种。

一是有线信道和无线信道。使用有线传输介质的信道称为有线信道，主要有双绞线、同轴电缆和光缆等。以电磁波在空间传播的方式传输信号的信道称为无线信道，主要包括长波信道、短波信道和微波信道等。

二是物理信道和逻辑信道。物理信道是指用来传输信号的物理通路，网络中两个节点间的物理通路称为通信链路，物理信道由传输介质及有关设备组成。逻辑信道也是一种通路，但一般是指人为定义的信息传输通路，在信号收发点之间并不存在一条物理传输介质，人们通常把逻辑信道称为"连接"。

三是数字信道和模拟信道。传输离散数字信号的信道称为数字信道，利用数字信道传输数字信号时不需要进行变换，通常需要进行数字编码；传输模拟信号的信道称为模拟信道，利用模拟信道传输数字信号时需要经过数字信号与模拟信号之间的变换。

四、数据通信的技术指标

（一）传输速率

传输速率是指信道中传输信息的速率，是描述数据传输系统的重要技术指标之一。传输速率一般有两种表示方法，即信号速率和调制速率。

信号速率是指单位时间内传输的二进制位代码的有效位数，单位为比特/秒（b/s）。一般应用于数字信号的速率表示。

调制速率是指每秒传输的脉冲数，即波特率，单位为波特/秒（Baud/s），是指信号在调制过程中调制状态每秒转换的次数。1波特即模拟信号的一个状态，不仅表示一位数据，而且代表了多位数据。所以，"波特"和"比特"的意义不同，模拟信号的速率通常用调制速率表示。

（二）信号带宽

信号带宽是指在信道中传输的信号在不失真的情况下占用的频率范围，单位用赫兹（Hz）表示。数据通信中的带宽就是所能传输电磁波最大有效频率减去最小有效频率得到的值。

（三）信道容量

信道容量是衡量一个信道传输数字信号的重要参数。信道的传输能力是有一定限制的，即信道传输数据的速率有上限，也就是单位时间内信道上所能传输的最大比特数，单位为比特/秒（b/s），将其称为信道容量。无论采用何种编码技术，传输数据的速率都不可能超过信道容量上限，否则信号就会失真。

信道的容量与信道带宽成正比，即信道带宽越宽，信道容量就越大。

（四）通信方式

通信方式是指通信双方的信息交互方式。按照信号传输方向与时间的关系，可以将数据通信分为以下三种基本方式：

一是单向通信，又称为单工通信，即只能有一个方向的通信而没有反方向的交互。无线电广播或有线电广播及电视广播就属于这种类型。

二是双向交替通信，又称为半双工通信，即通信双方都可以发送信息，但不能双方同时发送（也不能同时接收）。这种通信方式是一方发送另一方接收，过一段时间后也可以反过来。

三是双向同时通信，又称为全双工通信，即通信的双方可以同时发送和接收信息。

单向通信只需要一条信道，而双向交替通信和双向同时通信则需要两条信道（每个方向各一条）。显然，双向同时通信的传输效率最高。

计算机通常用8位二进制代码（1字节）来表示一个字符。按照字节使用的信道数，可以将数据通信分为串行通信和并行通信。

将待传输的每个字符的二进制代码按由低到高的顺序依次发送，这种工作方式称为串行通信。在远程通信中，一般采用串行通信方式，但在计算机内部，往往采用并行通信的方式。并行通信是指数据以成组的方式在多个并行信道上同时传输，在数据远距离传输之前，要即时将计算机中的字符进行并/串转换，在接收端同样进行串/并转换，还原成计算机的字符结构。

同步是数据通信必须解决的一个问题。所谓同步，就是要求通信收发双方在时间基准上保持一致。常见的同步技术有异步通信方式和同步通信方式。

在异步通信方式中，每传输1个字符都要在每个字符前加1个起始位，以表示字符代码的开始；在字符代码和校验位后面加1个或2个停止位，表示字符结束。接收方根据起始位和停止位来判断一个新字符的开始和结束，从而起到通信双方的同步作用。在同步通信方式中，传输信息格式是由一组字符或1个二进制位组成的数据块（帧），通过在数据块之前先发送1个同步字符SYN或1个同步字节，用于接收方的同步检测，从而使收发双方进入同步状态。在发送数据完毕后，再使用同步字符或字节来标示整个发送过程的结束。

异步通信方式实现比较简单，适合于低速通信；而同步通信方式附加位少，一般用在高速传输数据的系统中，如计算机间的数据通信。

五、传输介质

信号要经过信道传输，而信道则由不同的传输介质构成，传输介质的质量也会影响数据传输的质量。

（一）传输介质的主要类型

常见的网络传输介质可分为有线传输介质和无线传输介质。有线传输介质主要有双绞线、同轴电缆及光纤，其中，双绞线包括屏蔽双绞线和非屏蔽双绞线；无线传输介质有无线电波、红外线等。

（二）双绞线

1.双绞线的物理特性

双绞线是由相互绝缘的两根铜线按一定扭矩相互绞合在一起的类似于电话线的传输介质。为了减少信号传输中串扰及电磁干扰（EMI）影响的程度，通常将这些线按一定的密度互相缠绕在一起。每根铜线加绝缘层并用颜色来标记。

双绞线是模拟和数字数据通信最普通的传输介质，它主要的应用范围是电话系统中的模拟语音传输，最适合于较短距离的信息传输，若超过几千米信号就会发生衰减，这时就要使用中继器来放大信号和再生波形。双绞线的价格在传输介质中是最便宜的，并且安装简单，所以得到广泛的使用。

在局域网中一般都采用双绞线作为传输介质。双绞线可分为非屏蔽双绞线（UTP）和屏蔽双绞线（STP）。两者的差异在于屏蔽双绞线在双绞线和外皮之间增加了一个铅箔屏蔽层，目的是提高双绞线的抗干扰性能。

2.非屏蔽双绞线的类型

按照EIA/TIA（电气工业协会/电信工业协会）568A标准，非屏蔽双绞线共分为1～7类。

（1）1类线。可用于电话传输，但不适合数据传输，这一级电缆没有固定的性能要求。

（2）2类线。可用于电话传输且传输速率最高为4 Mb/s，包括4对双绞线。

（3）3类线。可用于最高传输速率为10 Mb/s的数据传输，包括4对双绞线，常用于10Base-T以太网的语音和数据传输。

（4）4类线。可用于16 Mb/s的令牌环网和大型10Base-T以太网，包括4对双绞线。其传输速率可达20 Mb/s。

（5）5类线。既可用于100 Mb/s的快速以太网连接又支持150 Mb/s的ATM数据传输，包括4对双绞线，是连接桌面设备的首选传输介质；超5类线是对现在5类线近端串扰、衰减串扰比、回波损耗等部分性能的改善，其他特性与5类线相同。

（6）6类线。在外形和结构上与5类和超5类双绞线有一定的差别，与5类和超5类线相比，它具有传输距离长、传输损耗小、耐磨、抗干扰能力强等特性，常用在千兆位以太网和万兆位以太网中；超6类线也称为6a，能支持万兆上网，最大带宽达到500 MHz，是6类线的两倍。

（7）7类线是一种8芯屏蔽线，每对都有一个屏蔽层，接口与其他线缆相同，提供600 MHz整体带宽，是6类线的两倍以上。

其中，计算机网络常用的是3类线（CAT 3）、5类线（CAT 5）、超5类线（CAT 5e）和6类线（CAT 6）。5类线和3类线的最主要区别就是5类线大大增加了每单位长度的绞合次数，并且其线对间的绞合度和线对内两根导线的绞合度都经过了精心的设计，这样大大提高了线路的传输质量。

6类线增加了绝缘的十字骨架，且电缆的直径更粗，将双绞线的4对线分别置于十字骨架的4个凹槽内，保持4对双绞线的相对位置，从而提高了电缆的平衡特性和抗干扰性，而且传输的衰减也更小。

3.双绞线组网常用的连接设备

使用双绞线组网时，必须使用RJ-45水晶头。另外，还需要一个非常重要的设备——集线器，也称为交换机。

（三）同轴电缆

1.同轴电缆的物理特性

同轴电缆是由绕同一轴线的两个导体组成的，即内导体（铜芯导线）和外导体（屏蔽层），外导体的作用是屏蔽电磁干扰和辐射，两导体之间用绝缘材料隔离。同轴电缆绝缘效果好、频带宽、数据传输稳定、价格适中、性价比高，具有极好的抗干扰特性，是早期局域网中普遍采用的一种传输介质。

同轴电缆的规格是指电缆粗细程度的度量，按射频级测量单位（RG）来度量，RG越高，铜芯导线越细；RG越低，铜芯导线越粗。同轴电缆可分为两类——粗缆和细缆。经常提到的10Base-2和10Base-5以太网就是分别使用细同轴电缆（简称细缆）和粗同轴电缆（简称粗缆）组网的。用同轴电缆组网，需要在两端连接50 Ω的反射电阻，这就是通常所说的终端匹配器。

使用同轴电缆组网的其他连接设备，细缆与粗缆的不尽相同，即使名称一样，其规格、大小也是有差别的。

2.细缆连接设备及技术参数

采用细缆组网时，除了需要电缆外，还需要BNC头、T形头、带BNC端口的以太网卡和终端匹配器等。

采用细缆组网的技术参数如表3-1所示。

表3-1　采用细缆组网的技术参数

细缆组网	具体参数
最大的网段长度	185 m
网络的最大长度	925 m
每个网段支持的最大节点数	30
BNC、T形连接器之间的最小距离	0.5 m

3.粗缆连接设备及技术参数

采用粗缆组网时，粗缆采用一种类似夹板的Tap装置进行安装，有一个外置收发器，利用Tap上的引导针穿透电缆的绝缘层，直接与导体相连。这种连接方式可靠性好，抗干扰能力强。

采用粗缆组网的技术参数如表3-2所示。

表3-2　采用粗缆组网的技术参数

粗缆组网	具体参数
最大的网段长度	500 m
网络的最大长度	2500 m
每个网段支持的最大节点数	100
收发器之间的最小距离	2.5 m
收发器电缆的最大长度	50 m

（四）光纤

1.光纤的物理特性

光纤是一种由石英玻璃纤维或塑料制成的、直径很细、能传导光信号的媒体，如图3-2所示。一根光缆中至少应包括两条独立的导芯，一条发送信号，另一条接收信号。

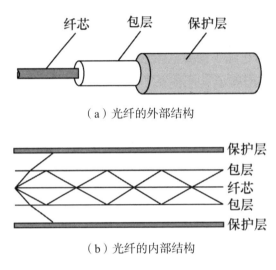

（a）光纤的外部结构

（b）光纤的内部结构

图3-2　光纤的结构

一根光缆可以容纳两根至数百根光纤，并用加强芯和填充物来提高机械强度。光束在玻璃纤维内传输，防磁防电、传输稳定、质量高，因此光纤多适用于高速网络和骨干网。

根据使用的光源和传输模式不同，光纤可分为多模光纤和单模光纤。

单模光纤采用注入式激光二极管作为光源，激光的定向性强。单模光纤芯线的直径非常接近光波的波长，当激光束进入玻璃芯中的角度差别很小时，光线不必经过多次反射式的传播，而是一直向前以单一的模式无反射地沿直线传播，如图3-3所示。

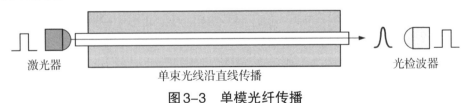

图3-3　单模光纤传播

多模光纤采用发光二极管产生可见光作为光源，当光纤芯线的直径比光波波长大很多时，由于光束进入芯线中的角度不同，且传播路径也不同，这时光束是以多种模式在芯线内通过不断反射向前传播的，如图3-4所示。

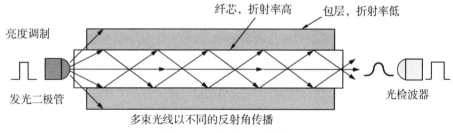

图3-4 多模光纤传播

单模光纤性能很好，传输速率较高，适用于长距离传输，但其制作工艺比多模光纤复杂，成本较高；而多模光纤成本较低，但性能比单模光纤差一些。

2.光纤的特点

光纤与同轴电缆相比，有如下优点：

（1）光纤有较大的带宽，通信容量大。

（2）光纤的传输速率高，能达到千兆位/秒。

（3）光纤的传输衰减小，连接的范围更广。

（4）光纤不受外界电磁波的干扰，因而电磁绝缘性能好，适宜在电气干扰严重的环境中使用。

（5）光纤无串音干扰，不易被窃听和截取数据，因而安全保密性好。

3.光纤的规格

多模光纤分为50/125、62.5/125两种规格，主要用于短距离传输，如综合布线、设备连接等。单模光纤规格有G652、G655、G657三种规格。

G652现在主要是G652D规格，还有部分厂家提供G652B光纤。G652光纤的用量最多，一般用于城市里各种光网络的建设。

G655现在规格是G655C，主要是用于长途干线，如跨省、国家干线。

G657也有几种规格，主要是用于FTTH光纤到户，因其弯曲半径较小，可以像电话线一样随意处置而不易受损。

第二节 数据编码、传输与交换技术

一、数据编码技术

（一）数据编码类型

数据是信息的载体，计算机中的数据以离散的"0"和"1"二进制比特序列方式表示。为了正确传输数据，必须对原始数据进行编码，而数据编码类型取决于通信子网的信道所支持的数据通信类型。

根据数据通信类型的不同，通信信道可分为模拟信道和数字信道。相应地，数据编码方法也分为模拟数据编码和数字数据编码两类。

网络中基本的数据编码方法如图3-5所示。

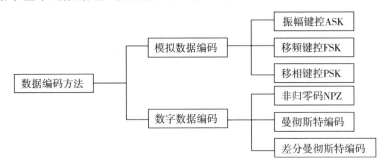

图3-5 网络中基本的数据编码方法

（二）数字数据的模拟信号编码

要进行远程数据传输，常常要利用公用电话交换网。也就是说，必须首先利用调制解调器（Modem）将发送端的数字调制成能够在公用电话交换网上传输的模拟信号，经传输后再在接收端利用Modem将模拟信号解调成对应的数字信号。数据传输过程如图3-6所示。

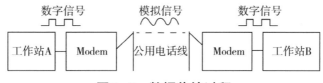

图3-6　数据传输过程

模拟信号传输的基础是载波，载波可以表示为

$$u(t) = V\sin(\omega t+\varphi)$$

其中，载波具有三大要素：振幅V、角频率ω和相位φ。

通过变化载波的三个要素来进行编码，就出现了振幅键控法、移频键控法和移相键控法三种基本的编码方法。数字数据的模拟信号编码如图3-7所示。

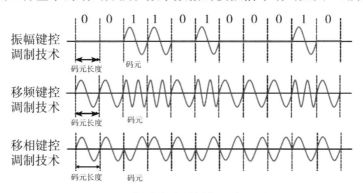

图3-7　数字数据的模拟信号编码

1.振幅键控法

振幅键控法（Amplitude Shift Keying，ASK）就是通过改变载波的振幅V来表示数字1、0。例如保持角频率ω和相位φ不变，当V不等于零时表示1，当V等于零时表示0。如图3-7中振幅键控调制技术编码所示。

2.移频键控法

移频键控法（Frequency Shift Keying，FSK）就是通过改变载波的角频率ω来表示数字1、0。例如保持振幅V和相位φ不变，当ω等于某值时表示1，当ω等于另一个值时表示0。如图3-7中移频键控调制技术编码所示。

3.移相键控法

移相键控法（Phase Shift Keying，PSK）就是通过改变载波的相位φ的值来表示数字1、0。如图3-7中移相键控调制技术编码。PSK包括绝对调相和相对调相两种类型。绝对调相是指用相位的绝对值表示数字 1、0；相对调相是指用相位的相对偏移值表示数字 1、0。

（三）数字数据的数字信号编码

数字信号可以利用数字信道来直接传输（基带传输），此时需要解决的问题是数字数据的数字信号表示及收发两端之间信号同步的两个方面。

在基带传输中，数字数据的数字信号编码主要有非归零码（NRZ）、曼彻斯特编码和差分曼彻斯特编码三种方式。数字数据的数字信号编码如图 3-8 所示。

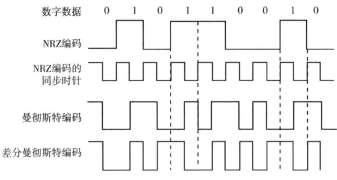

图3-8　数字数据的数字信号编码

1.非归零码

非归零码可以用低电平表示"0"，用高电平表示"1"，但必须在发送非归零码的同时，用另一个信号同时传输同步信号。如图 3-8 中 NRZ 编码所示。

2.曼彻斯特编码

曼彻斯特编码的规则：每比特的周期 T 分为前 $T/2$ 与后 $T/2$。前 $T/2$ 传输该比特的反码，后 $T/2$ 传输该比特的原码。如图 3-8 中曼彻斯特编码所示。

3.差分曼彻斯特编码

差分曼彻斯特编码的规则：每比特的值根据其开始边界是否发生电平跳变来决定。在一个比特开始处出现电平跳变表示"0"，不出现跳变表示"1"，每比特中间的跳变仅用作同步信号。如图 3-8 中差分曼彻斯特编码所示。

差分曼彻斯特编码和曼彻斯特编码都属于"自含时钟编码"，发送时不需要另外发送同步信号。

（四）脉冲编码调制

脉冲编码调制（PCM）是将模拟数据数字化的主要方法。由于数字信号传输失真小、误码率低且数据传输速率高，因此，在网络中除计算机直接产生的数字信号外，语音、图像信息必须数字化才能经计算机处理。PCM的特点是把连续输入的模拟数据变换为在时域和振幅上都离散的量，然后将其转化为编码形式传输。

脉冲编码调制一般通过采样、量化和编码三个步骤将连续变化的模拟数据转换为数字数据。

1.采样

采样是每隔固定的时间间隔，采集模拟信号的瞬时电平值作为样本，表示模拟数据在某一区间随时间变化的值。采样频率以采样定理为依据，即当以高过两倍有效信号频率对模拟信号进行采样时，所得到的采样值就包含了原始信号的所有信息。采样过程如图3-9（a）所示。

2.量化

量化是将取样样本振幅按量化级决定取值的过程。量化级可以分为8级、16级或者更多，这取决于系统的精确度要求。为便于用数字电路实现，其量化电平数一般为2的整数次幂，这样有利于采用二进制编码表示。量化过程如图3-9（b）所示。

3.编码

编码是用相应位数的二进制码来表示已经量化的采样样本的级别。例如量化级是64，则需要8位编码。经过编码后，每个样本就由相应的编码脉冲表示。编码过程如图3-9（c）所示。

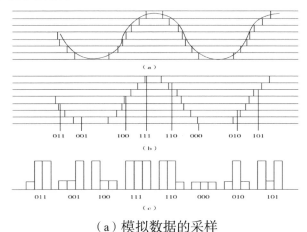

（a）模拟数据的采样

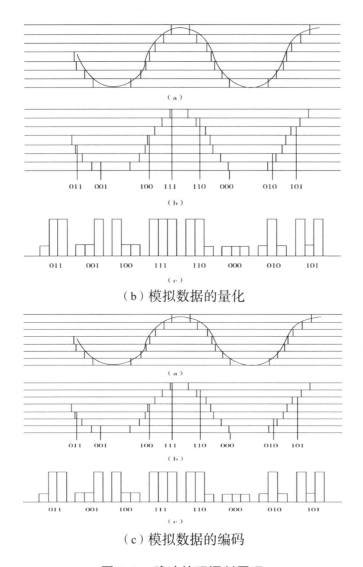

（b）模拟数据的量化

（c）模拟数据的编码

图3-9　脉冲编码调制原理

二、数据传输技术

数据传输技术是指数据发送端与数据接收端之间通过一个或多个数据信道或链路、共同遵循一个通信协议而进行的数据传输技术。根据传输信号的性质，数据传输技术可划分为基带传输技术和频带传输技术。为了实现传输资源共享，可采用多路复用技术，将若干彼此无关的信号合并为一个在公用信道上传输。

（一）基带传输技术

基带就是指基本频带，即信源发出的没有经过调制的原始电信号所固有的频带（频带带宽）。基带传输是指在通信线路上原封不动地传输由计算机或终端产生的"0"或"1"数字脉冲信号。这样一个信号的基本频带可以从零（直流成分）到数兆赫兹，频带越宽，传输线路的电容、电感等对传输信号波形衰减的影响就越大。

基带传输是一种最简单的传输方式，近距离通信的局域网一般都采用这种方式。基带传输系统的优点是安全简单、成本低。其缺点是传输距离较短（一般不超过 2 km），传输介质的整个带宽都被基带信号占用，并且任何时候都只能传输一路基带信号，信道利用率低。

（二）频带传输技术

1.频带传输的概念

频带传输，有时也称为宽带传输，是指将数字信号调制成音频信号后再发送和传输，到达接收端时再把音频信号解调成原来的数字信号。我们将这种利用模拟信道传输数字信号的方法称为频带传输技术。

在实现远距离通信时，经常需要依托公用电话网，此时就需要利用频带传输方式。采用频带传输时，调制解调器（Modem）是最典型的通信设备，要求在发送和接收端都要安装调制解调器。

2.调制解调器的基本功能

在频带传输过程中，计算机通过调制解调器与电话线连接，其主要有以下三个功能。

（1）调制和解调

调制，就是将计算机中输出的"1"和"0"脉冲信号调制成相应的模拟信号，以便在电话线上传输；解调，就是将电话线传输的模拟信号转化成计算机能识别的由"1"和"0"组成的脉冲信号。调制和解调的功能通常由一块数字信号处理（DSP）芯片来完成。

（2）数据压缩

数据压缩指的是发送端的调制解调器在发送数据前先将数据进行压缩，而接收端的调制解调器收到数据后再将数据还原，从而提高了调制解调器的有效数据传输率。

（3）差错控制

差错控制指的是将数据传输中的某些错码检测出来，并采用某种方法进行纠正，以提高差错控制的实际传输质量。

差错控制功能通常由一块控制芯片完成。当这些功能由固化在调制解调器中的硬件芯片完成时，即调制解调器所有功能都由硬件来完成，这种调制解调器称为硬"猫"。当硬件芯片中只固化了DSP芯片，其协议控制部分由软件来完成时，这种调制解调器称为半软"猫"；如果两部分功能都由软件来完成，则这种调制解调器称为软"猫"。

3.调制解调器的分类

调制解调器有各种分类方法，其中有代表性的有以下四种：

（1）按接入Internet的方式分类

调制解调器按接入Internet的方式可分为拨号调制解调器和专线调制解调器。

拨号调制解调器主要用于通过公共电话网（PSTN）上传输数据，具有在性能指标较低的环境中进行有效操作的特殊性能。多数拨号调制解调器具备自动拨号、自动应答、自动建立连接和自动释放连接等功能。

专线调制解调器主要用在专用线路或租用线路上，不必带有自动应答和自动释放连接功能。专线调制解调器的数据传输速率比拨号的高。

（2）按数据传输方式分类

调制解调器按数据传输方式可分为同步调制解调器和异步调制解调器。

同步调制解调器能够按同步方式进行数据传输，速率较高，一般用在主机到主机的通信上。但它需要同步电路，故设备复杂、造价较高。

异步调制解调器是指能随机以突发方式进行数据传输，所传输的数据以字符为单位，用起始位和停止位表示一个字符的起止。它主要用于终端到主机或其他低速通信的场合，故设备简单、造价低廉。目前，市场上大部分调制解调器都支持这两种数据传输方式。

（3）按通信方式分类

调制解调器按通信方式可分为单工、半双工和全双工调制解调器。

单工调制解调器可以智能接收或发送数据；半双工调制解调器可收可发，但不能同时接收和发送数据；全双工调制解调器则可同时接收和发送数据。

在这三类调制解调器中，只支持单工的很少，大多数都支持半双工和全双工方式。全双工工作方式与半双工方式相比，不需要线路换向时间、响应速度快、延迟小。全双工的缺点是双向传输数据时需要占用共享线路的带宽，设备复杂、价格昂贵。相对而言，支持半双工方式的调制解调器具有设备简单、造价低的优点。

（4）按接口类型分类

调制解调器按接口类型可分为外置、内置和PC卡式移动调制解调器等。

外置调制解调器的背面有与计算机、电话等设备连接的接口和电源插口，安装、拆卸比较方便，可随时移动，也可与任何位置的任何计算机相接。且其面板上有一排指示灯，根据其状态，可以很方便地判断调制解调器的工作状态和数据传输情况。

内置调制解调器则直接插入计算机的扩展槽，不占空间，不需要独立电源，通过主板和总线与计算机连接。

PC卡式移动调制解调器主要用于笔记本电脑，体积纤巧，配合移动电话，可方便地实现移动办公。

相对而言，内置调制解调器的数据传输速率要高于外置调制解调器，但占用了计算机的扩展槽。

（三）多路复用技术

多路复用是指在数据传输系统中，允许两个或多个数据源共享同一个传输介质，把若干个彼此无关的信号合并起来，在一个公用信道上进行传输，就像每一个数据源都有自己的信道一样。也就是说，利用多路复用技术可以在一条高带宽的通信线路上同时传播声音、数据等多个有限带宽的信号，充分利用通信线路的带宽，减少不必要的铺设或架设其他传输介质的费用。

多路复用一般可分为以下四种基本形式：频分多路复用（FDM）、时分多路复用（TDM）、波分多路复用（WDM）、码分多路复用（CDM）。

1.频分多路复用

任何信号都只占据一个宽度有限的频率，而信道可利用的频率比一个信号的频率宽得多，频分多路复用恰恰利用这一特点，通过频率分割方式实现多路复用。

多路数字信号被同时输入到频分多路复用编码器中，经过调制后，每一路数字信号的频率分别被调制到不同的频带，这样就可以将多路信号合起来放在一条信道上传输。接收方的频分多路复用解码器再将接收到的信号恢复成调制前的信号，如图3-10所示。

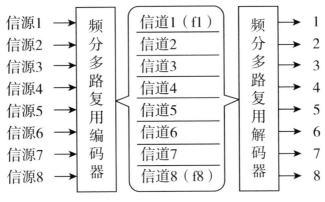

图3-10　频分多路复用原理图

频分多路复用主要用于宽带模拟线路中，如果有线电视系统中使用的传输介质是粗同轴电缆，传输模拟信号时带宽可达到300 ~ 400 MHz，一般每6 MHz的信道可传输一路模拟电视信号，则该有线电视线路可划分为50 ~ 80个独立信道，传输50多个模拟电视信号。

2.时分多路复用

频分多路复用以信道频带作为分割对象，通过为多个信道分配互补重叠的频率范围来实现多路复用，更适用于模拟信号的传输。而时分多路复用则以信道传输的时间作为分割对象，通过为多个信道分配互不重叠时间片的方法来实现多路复用。因此，时分多路复用更适合用于数字信号的传输。

时分多路复用的基本原理是将信道用于传输的时间划分为若干个时间片，给每个用户分配一个或几个时间片，使不同信号在不同时间段内传输。在用户占有的时间片内，用户使用通信信道的全部带宽来传输数据，如图3-11所示。

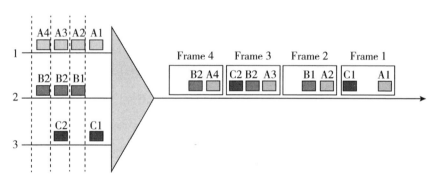

图3-11 时分多路复用原理图

3.波分多路复用

在光纤信道上使用的频分多路复用的一个变种就是波分多路复用。波分多路复用的基本原理如下：不同的信号使用不同波长的光波来传输数据。在传输端，两根光纤连接一个棱柱或衍射光栅，每根光纤里的光波处于不同的波段上，这样两束光通过棱柱或衍射光栅合到一根共享的光纤上，到达目的地后，再将两束光分解开来，如图3-12所示。

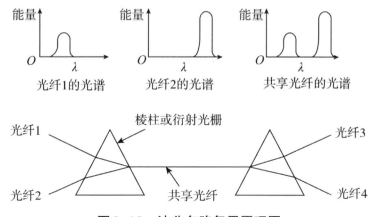

图3-12 波分多路复用原理图

只要每个信道有各自的频率范围且互不重叠，信号就能以波分多路复用的方式通过共享光纤进行远距离传输。波分多路复用与频分多路复用区别在于：波分多路复用是在光学系统中利用衍射光栅来实现多路不同频率的广播信号的分解和合成，并且光栅是无源的，因此可靠性较高。

4.码分多路复用

码分多路复用是另一种共享信道的方法，人们常将这种方法称为码分多址

（CDMA）。码分多路复用与频分多路复用、时分多路复用均不同，它既共享信道的频率也共享时间，是一种真正的动态复用技术。其原理是每比特时间被分成m个更短的时间槽，称为码片（Chip），通常情况下每比特有64或128个码片。每个站点（通道）被指定一个唯一的m位的代码或码片序列。当发送"1"时站点就发送码片序列，发送"0"时就发送码片序列的反码。当两个或多个站点同时发送时，各路数据在信道中被线形相加。为了从信道中分离出各路信号，要求各个站点的码片序列相互正交。每一位用户都可以在同样的时间内使用同样的频带进行通信。由于各用户使用特殊挑选的不同码型，因此各用户之间不会造成干扰。

码分多路复用最初用于军事通信，因此这种系统发送的信号有很强的抗干扰能力，其频谱类似于白噪声，不易被敌人发现。随着技术的进步，CDMA设备已广泛应用在民用移动通信中，特别是在无线局域网中。采用CDMA可提高通信的话音质量和数据的可靠性，减少干扰对通信的影响，增大通信系统的容量，降低手机平均发射功率。

三、数据交换技术

要实现网络上任何两台终端之间的数据通信，就要在两个终端之间建立数据传输通路。

传输通路建立以后，要控制数据从发送端沿着传输通路发送到接收端。为了实现网络的这一目标，必须建立以下两种机制：一是建立连接在网络上的任何两个终端之间的数据传输通路的机制；二是控制数据沿着发送端至接收端传输通路完成传输过程的机制。交换的本质就是这两种机制的结合。通信子网是由若干网络节点和链路按照一定的拓扑结构互连起来的网络。按照通信子网中网络节点对进入子网的数据的转发方式不同，可以将数据交换方式分为电路交换和存储转发交换两大类。

（一）电路交换

电路交换也称为线路交换，是一种直接的交换方式，与电话交换方式的工作过程类似。两台计算机在通过通信子网交换数据之前，要先在通信子网中通过各交换设备间的线路连接，建立一条实际的专用物理通路。

　　电路交换最重要的特点是在一对主机之间建立一条专用数据通路，可实现数据通信须经过线路建立（建立连接）、数据传输、线路释放（释放连接）三个步骤，如图3-13所示。

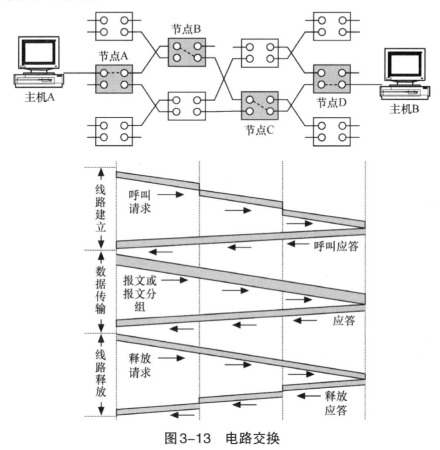

图3-13　电路交换

　　电路交换的优点是实时性好，适用于实时或交互式会话类通信，如数字语音、传真等通信业务。其缺点如下：

　　一是电路交换中，呼叫时间远大于数据的传输时间，通信线路的利用率不高，并且整个系统也不具备存储数据的能力，无法发现与纠正传输过程中发生的数据差错，系统效率较低。

　　二是对通信双方而言，电路交换必须做到双方的收发速度、编码方法、信息格式和传输控制等一致才能完成通信。

（二）存储转发交换

存储转发交换是指网络节点（交换设备）先将途经的数据按传输单元接收并存储下来，然后选择一条适当的链路转发出去。根据转发的数据单元的不同，存储/转发方式交换又可分为报文交换和分组交换两类。

1.报文交换

报文交换是指网络中的每一个节点先将整个报文完整地接收并存储下来，然后选择合适的链路转发到下一个节点。每个节点都对报文进行存储转发，最终到达目的地。

在报文交换中，中间设备必须有足够的内存，以便将接收到的整个报文完整地存储下来，然后根据报文的头部控制信息，找出报文转发的下一个交换节点。若一时没有空闲的链路，报文就只能暂时存储，等待发送。因此，一个节点对于一个报文造成的时延往往是不确定的。

报文交换的优点有如下三点。

（1）源节点和目的节点在通信时不需要建立一条专用的通路，与电路交换相比，报文交换没有建立连接和释放连接所需的等待和时延。

（2）线路的利用率高，任何时刻一份报文只占用一条链路的资源，不必占用通路上的所有链路资源，提高了网络资源的共享性。

（3）数据传输的可靠性高，每个节点在存储转发中，都进行差错控制，即进行检错和纠错。

报文交换的缺点如下：由于每一个节点都采用了对完整报文的存储/转发，因此报文交换的传输时延较长，报文交换方式适合于电报等非实时的通信业务，不适合传输话音、传真等实时的或交互式的业务。

2.分组交换

分组交换又称为包交换，与报文交换同属于存储/转发式交换，它们之间的差别在于参与交换的数据单元长度不同。分组交换不像报文交换以"整个报文"为单位进行交换传输，而是划分为更短的、标准的"报文分组"（Packet）进行交换传输。这些数据分组称为包，每个分组除含有一定长度的需要传输的数据外，还包括一些控制信息和目的地址。一个分组的长度范围是1000～2000 bit。这些数据分组可以通过不同的路由器先后到达同一目的地址，数据分组到达目的地后进行合并还原，以确保收到的数据在整体上与发送的数据完全一致。

在分组交换中，根据网络中传输控制协议和传输路径的不同，分组交换又可分为数据报分组交换和虚电路分组交换两种方式。

（1）数据报分组交换

在数据报分组交换方式中，每个报文分组被称为一个数据报，若干个数据报构成一次要传输的报文或数据块。每个数据报在传输的过程中，都要进行路径选择，各个数据报可以按照不同的路径到达目的地。各数据报不能保证按发送的顺序到达目的节点，有些数据报甚至还可能在途中丢失。在接收端，再按分组的顺序将这些数据报组重新合成一个完整的报文。

数据报分组的特点如下。

①每个分组都必须带有数据、源地址和目的地址，其长度受到限制，一般为2000 bit以内，典型长度为128个字节。

②同一报文的分组可以由不同的传输路径通过通信子网，到达目的节点时可能出现乱序、重复或丢失现象。

③传输延迟较大，适用于突发性通信，不适用于长报文、会话式通信。

（2）虚电路分组交换

虚电路分组交换方式试图将数据报多组交换方式与电路交换方式的优点结合起来，从而发挥两者的优势，达到最佳数据交换的效果。在数据报分组交换方式中，数据报在分组发送之前，不需要预先建立连接；而在虚电路分组交换方式中，发送分组之前，首先必须在发送方和接收方建立一条通道。虚电路是为了传输某一报文而设立和存在的，它是两个用户节点在开始互相发送和接收数据之前需要通过通信网络建立的一条逻辑上的连接，所有分组都必须沿着事先建立的这条虚电路传输，用户在不需要发送和接收数据时清除该连接。在这一点上，虚电路分组交换方式和电路交换方式是相同的。

整个通信过程分为虚电路建立、数据传输、虚电路拆除三个步骤。

但与电路交换不同的是，虚电路建立的通路不是一条专用的物理线路，而只是一条路径，在每个分组沿此路径转发的过程中，经过每个节点时仍然需要存储，并且等待队列输出。通路建立后，每个分组都由此路径到达目的地。因此，在虚电路分组交换中各个分组是按照发送方的分组顺序依次到达目的地的，这一点和数据报分组交换不同。

虚电路分组交换的特点如下：①虚电路在每次报文分组发送之前，必须在源节点与目的节点间建立一条逻辑连接。②报文分组不必带目的地址、源地址等辅助信息，只需要携带虚电路标识符。报文分组到达目的节点时也不会出现丢失、重复或乱序的现象。③报文分组通过每个虚电路上的节点时，节点只需要做差错检测，而不需要做路径选择。

分组交换与报文交换相比，优点如下：①分组交换比报文交换减少了时间延迟。当第一个分组发送给第一个节点后，接着可发送第二个分组，随后可发送其他分组，这样多个分组可同时在网中传播，总的延时大大减少，网络信道的利用率大大提高。②分组交换把数据的长度限制在较小的范围内，这样每个节点所需要的存储量减少了，有利于提高节点存储资源的利用率。③当数据出错时，只需要重传错误分组，而不必重发整个报文，这样有利于迅速进行数据纠错，大大减少每次传输发生错误的概率及重传信息的数量。④易于重新开始新的传输。可让紧急报文迅速发送出去，不会因传输优先级较低而被堵塞。

3. 三种交换方式的比较

数据交换技术有电路交换和存储转发交换中的报文交换和分组交换，这三种交换方式在技术特征上各有侧重，如表3-3所示，应用在不同的时机和领域。

表3-3 三种交换方式性能

项目	交换方式		
	电路交换	报文交换	分组交换
接续时间	较长	较短	较短
传输延时	短	长	短
传输可靠性	较高	较高	高
过载反应	拒绝接受呼叫	节点延时增长	采用流控技术
线路利用率	低	高	高
实时性业务	适用	不适用	适用
实现费用	较低	较高	较高
传输带宽	固定带宽	动态使用带宽	动态使用带宽

第三节　无线通信与差错控制技术

一、无线通信技术

（一）电磁波谱

1862年，英国物理学家麦克斯韦通过大量实验证明了电磁波的存在，并断言电磁波的传播速度等于光速，光波就是一个电磁波。电磁波传播的方式有两种：一种是在有限空间领域内传播，即通过有线方式传播；另一种是在自由空间中传播，即通过无线方式传播。

描述电磁波的参数有三个，分别是波长、频率和光速。

三者间的关系为：

$$c = \lambda f$$

其中，λ 为波长，f 为频率，c 为光速。

按照频率由低到高的顺序排列，不同频率的电磁波可以分为长波、中波、短波、超短波、微波、红外线、可见光、紫外线、X射线和 γ 射线。

人们已经利用无线电（包括长波、中波、短波、超短波等）、红外线及可见光这几个波段进行通信，紫外线和更高波段目前还没有实际的通信应用。国际电信联盟（ITU）根据不同的频率（或波长）对电磁波进行了划分和命名。无线电名称及其频率与带宽对应关系如表3-4所示。

表3-4　无线电的频率和带宽的对应关系

频带划分	频率范围	频带划分	频率范围
低频（LF）	30 ~ 300 kHz	特高频（USF）	300 MHz ~ 3 GHz
中频（MF）	300 kHz ~ 3 MHz	超高频（SHF）	3 ~ 30 GHz
高频（HF）	3 ~ 30 MHz	极高频（EHF）	> 30 GHz
甚高频（VHF）	30 ~ 300 MHz		

（二）无线通信方式

有线通信传输数据需要连接一根线缆，这在很多场合是不方便的。对移动用户来说，双绞线、同轴电缆和光线都无法满足随时随地接入网络、获取信息的要求，而无线通信就可以解决这一问题。

无线通信是指信号不被约束在一个物理导体内，而是通过空间传输的通信方式，其主要包括微波通信、卫星通信和移动通信等。无线通信主要有以下特点：

一是传播距离较远，容易穿过建筑物，而且无线电波是全方向传播的，因此无线电波的发射和接收装置不必要求精确对准。

二是无线电波极易受到电子设备的电磁干扰，并且其传播特性与频率密切相关。

三是中、低频（频率在 1 MHz 以下）无线电波沿地球表面传播，能轻易地绕过一般障碍物，但其能量随着传播距离的增大而急剧下降，且通信带宽较低。

四是高频和甚高频（频率在 3 MHz ~ 1 GHz 之间）无线电波趋于直线传播，易受障碍物的阻挡并将被地球表面吸收。但是到达离地球表面 100 ~ 500 km 高度的电离层的无线电波将被反射回地球表面。我们可以利用无线电波的这种特性来进行数据通信。

（三）微波通信

微波通信是利用无线电波在对流层的视距范围内进行信息传输的一种通信方式，使用的频率范围一般为 2 ~ 400 GHz。微波通信的工作频率很高，与通常的无线电波不一样，微波只能沿直线传播，其发射天线和接收天线必须精确对准。在长途线路上，其典型的工作频率为 2 GHz、4 GHz、8 GHz 和 12 GHz。如果两个微波塔相距太远，一方面地球表面会阻挡信号，另一方面微波长距离传输会发生衰减，因此每隔一段距离就需要一个微波中继站。中继站之间的距离与微波塔的高度成正比，由于受地形和天线高度的限制，两个中继站之间的距离一般为 30 ~ 50 km，而对于 100 m 高的微波塔，中继站之间的距离可以达到 80 km。

微波通信按所提供的传输信道可分为模拟和数字两种类型，简称"模拟微波"和"数字微波"。目前，模拟微波通信主要采用频分多路复用技术和频移键控调制方式，其传输容量可达 30 ~ 6000 个电话通道。数字微波通信发展较晚，目前大都采用时分多路复用技术和相移键控调制方式。与数字电话一样，数字微波的每个话路的数据传输速率为64 kb/s。数字微波通信被大量运用于计算机之间的数据通信。

微波通信主要有以下特点。

一是微波在空间主要是直线传播，其发射天线和接收天线必须精确对准。微波会穿透电离层进入宇宙空间，不像无线通信中无线电波可以经电离层反射传播到地面上很远的地方。

二是微波波段频率很高，其频段范围也很宽，因此其通信信道的容量很大，可同时传输大量的信息，且传输质量也比较稳定。与相同容量和长度的电缆载波通信比较，微波通信建设投资少、见效快。

三是微波通信的缺点是它在雨雪天气传输时会被吸收，从而造成损耗，且微波保密性不如电缆和光缆好，对于保密性要求比较高的应用场合需要另外采取加密措施。

（四）卫星通信

卫星通信实质上就是在地面站之间利用36 000 km高空的同步地球卫星作为中继器的一种微波接力通信。同步卫星就是太空中无人值守的用于微波通信的中继器。

卫星通信可以克服地面微波通信距离的局限。一个同步卫星可以覆盖地球三分之一以上表面，只要在地球赤道上空的同步轨道上，等距离放置3颗相隔120°的卫星，就可以覆盖地球上全部的通信区域。这样，地球上各个地面站之间就可以互相通信了。

由于卫星信道频带较宽，因此可采用频分多路复用技术将其分为若干子信道。有些用于地面站向卫星发送信息，称为上行信道；有些用于卫星向地面转发信息，称为下行信道。

卫星通信主要有以下特点。

一是通信距离远、容量大、质量稳定、可靠性高。在电波覆盖范围内，任何一处都可以通信，且通信费用与通信距离无关。

二是信号受陆地灾害影响小，易于实现广播通信和多址通信。

三是卫星通信的缺点是通信费用高，延时较大，不管两个地面站之间的地面距离是多少，传播的延迟时间都为270 ms，这比地面电缆的传播延迟时间要高几个数量级。

在卫星通信领域中，甚小孔径天线地球站（VSAT）已被大量使用。VSAT是指采用小孔径的卫星天线的地面接收系统，这种小站的天线直径一般不超过1 m，因而价格便宜。在VSAT卫星通信网中，需要有一个比较大的中心站来管理整个卫星通信网。VSAT按照其承担服务类型可分为如下两类：

一是以数据传输为主的小型数据地球站（PES）。对于这些VSAT系统，所有小站间的数据通信都要经过中心站进行存储转发。

二是以语音传输为主并且兼容数据传输的小型电话地球站（TES）。对于这些能够进行电话通信的VSAT系统，小站之间的通信在呼叫建立阶段要通过中心站，但在连接建立之后，两个小站之间的通信就可以直接通过卫星进行了。

（五）移动通信

移动物体与固定物体、移动物体与移动物体之间的通信，都属于移动通信。移动物体之间的通信通常依靠移动通信系统（MTS）来实现。目前，实际应用的移动通信系统主要有蜂窝移动通信系统、无绳电话系统、无线电寻呼系统、Ad-Hoc网络系统及卫星移动通信系统等。

二、差错控制技术

（一）差错类型及产生原因

1.差错产生的原因

通常将发送的数据与通过通信信道后接收到的数据不一致的现象称为传输差错，简称差错。差错产生的原因有很多，信号在物理信道中传输时，线路本身的电气特性造成的随机噪声、信号振幅的衰减、频率和相位的畸变、电气信号在线路上产生的反射造成的回音效应、相邻线路间的串扰，以及各种外界因素（如闪电、开关跳火、外界强电流磁场的变化、电源的波动等）等都会造成信号失真。在数据通信中，各种引起差错的因素都可能使接收端收到的二进制位数和发送端实际发送的二进制数位不一致，从而造成"0"和"1"识别错误。

差错控制的目的是通过分析差错产生的原因和差错类型，采取有效措施发现和纠正差错，以提高信息的传输质量。

2.差错的类型

传输过程中的差错分为随机差错和突发差错。两类差错都是由噪声引起的，而噪声有两大类：一类是信道固有的、持续存在的随机热噪声；另一类是由外界特定的短暂原因所造成的冲击噪声。

随机差错是由随机噪声引起的，如由传输介质导体的电子热运动产生的热噪声。这种差错的特点是所引起的某位码元的差错是孤立的，与前后码元没有关系。

突发差错是由冲击噪声引起的数据信号差错，是数据信号在传输过程中产生差错的主要原因。这种差错的特点是前面的码元出现了错误，往往会使后面的码元也出现错误，即错误之间有相关性。

（二）误码率

误码率是指二进制码元在数据传输系统中被传错的概率，在数值上近似等于 $P_e = N_e/N$。

其中，N 为传输的二进制码元总数，N_e 为被传错的码元数。

在理解误码率定义时还应注意以下三个问题：

一是误码率是衡量数据传输系统正常工作状态下传输可靠性的参数。

二是对于一个实际的数据传输系统，不能笼统地说误码率越低越好，要根据实际传输要求提出误码率指标；在数据传输速率确定后，误码率越低，传输系统设备越复杂，造价也越高。

三是对于实际数据传输系统，如果传输的不是二进制码元，则要换算成二进制码元来计算。

在实际的数据传输系统中，人们需要对通信信道进行大量、重复的测试，才能求出该信道的平均误码率，或者给出某些特殊情况下的平均误码率。根据测试，目前电话线路传输速率在300 b/s ～ 2400 b/s时，平均误码率范围是 10^{-6} ～ 10^{-4}。由于计算机通信的平均误码率要求低于 10^{-9}，因此通信信道如不采取差错控制技术就不能满足计算机数据的通信要求。

（三）差错的控制

差错控制的方法有两种：第一种方法是改善通信线路的性能，使错码出现的概率降低到满足系统要求的程度，但这种方法受经济和技术的限制，达不到理想的效果；第二种方法是采用抗干扰编码和纠错编码将传输中出现的某些错码检测出来，并用某种方法纠正检出的错码，以达到提高实际传输质量的目的。第二种方法最为常用，目前广泛采用的方法有奇偶校验、方块校验和循环冗余校验等。

1.奇偶校验

奇偶校验又称字符校验、垂直冗余校验（VRC），其是以字符为单位的校验方法，是最简单的一种校验方法。奇偶校验的工作方式是：在每个字符编码的后面另外增加一个二进制校验位，主要目的是使整个编码中1的个数成为奇数或偶数，如果使编码中1的个数成为奇数则称为奇校验；反之，则称为偶校验。

例如字符R的ASCII编码为1010010，后面增加一位进行奇校验10100100(使1的个数为奇数），传输时其中一位出错，如传成了10110100，则奇校验就能检查出错误。若传输有两位出错，如10111100，奇校验就不能检查出错误了。在实际传输过程中，偶然一位出错的机会最多，故这种简单的校验方法还是很有用处的。

奇偶校验有如下主要特点：

（1）只能发现单个比特差错，如果有多个比特出错，奇偶校验法无效；

（2）一般只能用于对通信要求较低的异步传输和同步传输。

2.方块校验

方块校验又称报文校验、水平冗余校验（Level Redundancy Check，LRC），其是在奇偶校验方法的基础上，在一批字符传输之后，另外再增加一个检验字符，该检验字符的编码方法是使每一位纵向代码中1的个数也成为奇数或偶数。例如，6个字符传输，其方块校验如图3-14所示：

		奇偶校验位（奇校验）
字符1	1010010	0
字符2	1000001	1
字符3	1001100	0
字符4	1010000	1
字符5	1001000	1
字符6	1000010	1
方块校验字符（奇校验）	1111010	1

图3-14　方块校验

采用这种方法，不仅可以检验出1位、2位或3位的错误，还可以自纠正1位出错，使误码率降至原误码率的百分之一到万分之一，纠错效果明显，因此方块校验适用于中、低速传输系统和反馈重传系统。

3.循环冗余校验

循环冗余校验（CRC）是使用最广泛并且检错能力很强的一种校验方法。循环冗余校验的工作方式是：在发送端产生一个循环冗余码，附加在信息数据帧后面一起发送到接收端，接收端收到的信息按发送端形成循环冗余码同样的算法进行除法运算。若余数为"0"，就表示接收的数据正确；若余数不为"0"，则表明数据在传输的过程中出错，发送端须重传数据。

该方法不产生奇偶校验码，而是把整个数据块当成一串连续的二进制数据。从代数结构来说，把各位看成一个多项式的系数，则该数据块就和一个 n 次的多项式相对应。

例如信息码110001有6位（从0位到5位），表示多项式为 $M(x) = x^5 + x^4 + x^0$，6个多项式的系数分别是1、1、0、0、0、1。

（1）生成多项式

在用CRC进行校验时，发送端和接收端应使用相同的除数多项式 $G(x)$，称为生成多项式。CRC生成多项式由协议规定，目前已有多种生成多项式列入国际标准中，其具体形式如下：

CRC-12　　　$G(x) = x^{12} + x^{11} + x^3 + x^2 + x + 1$

CRC-16　　　$G(x) = x^{16} + x^{15} + x^2 + 1$

CRC-CCITT　$G(x) = x^{16} + x^{12} + x^5 + 1$

CRC-32　　　$G(x) = x^{32} + x^{26} + x^{22} + x^{16} + x^{12} + x^{11} + x^{10} + x^8 + x^7 + x^5 + x^4 + x^2 + x + 1$

生成的多项式 $G(x)$ 的结构及验错效果都是经过严格的数学分析与实验之后才确定的。要计算信息码多项式的校验码，生成多项式必须比该多项式短。

（2）基本思想和运算规则

循环冗余校验的基本思想：把要传输的信息码看成一个多项式 $M(x)$ 的系数，在发送前，将多项式用生成多项式 $G(x)$ 来除，将相除结果的余数作为校验码跟在原信息码之后一同发送出去。在接收端，把接收到的含校验码的信息码再用同一个生成多项式来除，如果在传输过程中无差错，则应该除尽，即余数应为0；若除不尽，则说明传输过程中有差错，应要求对方重新发送一次。

运算规则：多项式以2为模运算，加法不进位，减法不借位；加法和减法两者都与异或运算相同；长除法同二进制运算是一样的，只是做减法时按模2进行，如果减出的值最高位为0，则商为0，如果减出的值最高位为1，则商为1。

（3）检验和信息编码的求取方法

设r为生成多项式$G(x)$的阶。

①数据多项式$M(x)$的后面附加r个"0"，得到一个新的多项式$M'(x)$。

②模2除法求得$M'(x)/G(x)$的余数。

③该余数直接附加在原数据多项式$M(x)$的系数序列的后面，结果即为最后要发送的检验和信息编码多项式$T(x)$。

第四章　计算机信息技术的应用

第一节　云计算的应用

一、云计算基本概念

对于云计算，业界并没有统一的定义，不同的机构有不同的理解，但普遍认为它是并行处理、分布式计算、网格计算的发展，是由规模经济推动的一种大规模分布式计算模式。它通过虚拟化、分布式处理、在线软件等技术将数据中心的计算、存储、网络等基础设施，以及其开发平台、软件等信息服务抽象成可运营、可管理的IT资源，然后通过互联网动态提供给用户，用户按实际使用数量进行付费。可以看出，云计算具有以下五个关键点：①由规模经济推动；②是一种大规模的分布式计算模式；③通过虚拟化实现数据中心硬件资源的统计复用；④能为用户提供包括软硬件设施在内的不同级别的IT资源服务；⑤可对云服务进行动态配置，按需供给，按量计费。

就像电力、煤气一样，云计算希望把计算、存储等IT资源，通过互联网这个管道输送给每个用户，使得用户拧开开关就能获得所需的服务。云服务提供商通过虚拟化等技术把数据中心的IT资源集中起来，统计复用后提供给多个租户。为最大化经济效益，云计算要求数据中心最起码具备以下两个能力：①动态调配资源的能力，即按照实际情况动态增加或减少运行实例；②按用户实际使用的资源数量进行计费，例如根据实际使用的存储量和计算资源，按时、月、年等计费。按需供给、按量计费，一方面提高了数据中心的资源利用率，另一方面也降低了云企业用户的IT运营成本。

二、云服务分类

目前,普遍认为云计算服务可以分为基础设施即服务(IaaS)、平台即服务(PaaS)、软件即服务(SaaS)三类。IaaS面向企业用户,提供包括服务器、存储、网络和管理工具在内的虚拟数据中心,可以帮助企业削减数据中心的建设成本和运维成本。PaaS面向应用程序开发人员,提供简化的分布式软件开发、测试和部署环境,它屏蔽了分布式软件开发底层复杂的操作,使得开发人员可以快速地开发出基于云平台的高性能、高可扩展的Web服务。SaaS面向个人用户,提供各种在线软件服务。这三类服务具有一定的层级关系,在数据中心的物理基础设施之上,IaaS通过虚拟化技术整合出虚拟资源池,PaaS可在IaaS虚拟资源池上进一步封装分布式开发所需的软件栈,SaaS可在PaaS上开发并最终运行在IaaS资源池上。可见,IaaS、PaaS、SaaS三种服务,几乎覆盖了整个IT产业生态系统。随着云计算的发展,IT产业将面临新一轮的调整。

(一)IaaS

基础设施即服务(IaaS),是把计算、存储、网络及搭建应用环境所需的一些工具当成服务提供给用户,使得用户能够按需获取IT基础设施。它由计算机硬件、网络、平台虚拟化环境、效用计算计费方法、服务级别协议等组成。

IaaS为用户提供按需付费的弹性基础设施服务,其核心技术是虚拟化,包括服务器、存储、网络的虚拟化及桌面虚拟化等。虚拟化技术改变了IT平台的构建方式和IT服务的提供方式:其一,虚拟化技术能将一台物理设备动态划分为多台逻辑独立的虚拟设备,为充分复用软硬件资源提供了技术基础;其二,通过虚拟化技术能将所有物理设备资源形成对用户透明的统一资源池,并能按照用户需要生成不同配置的子资源,从而大大提高资源分配的弹性、效率和精确性。

目前,典型的IaaS应用有AmazonEC2/S3、世纪互联CloudEx、Nirvanix、3Tera等。AT&T、NTT、BT等运营商也计划建立虚拟云为用户提供IaaS服务。

(二)PaaS

平台即服务(PaaS),是把分布式软件的开发、测试和部署环境当作服务,通过互联网提供给用户。

PaaS面向广大互联网应用开发者，其核心技术是分布式并行计算。PaaS的技术范畴一直是业界讨论的热点。经典的PaaS定义仅指适用于特定应用的分布式并行计算平台（如Google和微软），这也是业界目前所高度关注的。以Google为例，它的分布式并行计算平台包含了分布式文件系统、分布式计算模型、分布式数据库、分布式同步机制和管理平台五个主要组件；广义的PaaS定义涵盖了更多的底层技术，只要这些技术符合云计算的四大特征即可。根据业务领域和技术类型的不同，PaaS提供应用开发层面的服务目前有两种主流的实现模式。一种主要是面向广大互联网应用开发者，把端到端的分布式软件开发、测试、部署、运行环境以及复杂的应用程序托管当作服务，通过互联网提供给用户，其核心技术是分布式并行计算；另一种是面向电信增值应用开发者，把基于电信开放能力的增值应用开发、测试、部署以及应用发布和销售渠道作为服务，通过运营商的电信能力开放平台提供给用户。

PaaS可以构建在IaaS的虚拟化资源池上，也可以直接构建在数据中心的物理基础设施之上。与IaaS只提供IT资源相比，PaaS为用户提供了包括中间件、数据库、操作系统、开发环境等在内的软件栈，允许用户通过网络来进行远程开发、配置、部署应用，并最终在服务商提供的数据中心内运行。

从服务层级上看，PaaS在IaaS之上，且在SaaS之下，实际上PaaS的出现要比IaaS和SaaS晚。某种程度上说，PaaS是SaaS发展的一种必然结果，它是SaaS企业为提高自己的影响力、增加用户黏度而做出的一种努力和尝试。SaaS企业把支撑应用开发的平台发布出来，软件开发商根据自身需求，利用平台提供的能力在线开发、部署，然后快速推出自己的SaaS产品和应用。

（三）SaaS

软件即服务（SaaS），是一种基于互联网来提供软件服务的应用模式，它通过浏览器把服务器端的程序软件传给千万用户，供用户在线使用。SaaS提供商为用户搭建信息化所需要的所有网络基础设施及软件、硬件运作平台，并负责所有前期的实施、后期的维护等一系列服务；而用户则根据自己的实际需要，向SaaS提供商租赁软件服务，无须购买软硬件、建设机房、招聘IT人员，即可通过互联网使用信息系统。SaaS的实现方式主要有以下两种：一种是通过PaaS平台来开发SaaS；另一种是采用多租户构架和元数据开发模式，使用Web2.0、

Structs、Hibernate等技术来实现SaaS中各层的功能。

目前已经有相当多的企业在提供SaaS服务，其中最成功的当属Sales force公司，它的在线CRM、ERP等业务的成功运营使其跻身为首家年度收入达10亿美元的云计算企业。GoogleDocs是Google在SaaS领域的重要尝试，它的简易操作、低成本和协同工作的方便性，使得越来越多的企业和个人开始为之放弃微软Office应用程序。八百客被认为是国内企业对Salesforce公司的成功复制，提供在线CRM、进销存、OA等SaaS服务。

三、云计算关键技术及其应用与发展

虚拟化技术、分布式技术、在线软件技术和运营管理技术是云计算的关键技术，是开展云服务的基础。

（一）虚拟化

1.主要的虚拟化技术

虚拟化是将底层物理设备与上层操作系统、软件分离的一种去耦合技术，它通过软件或固件管理程序构建虚拟层并对其进行管理，把物理资源映射成逻辑的虚拟资源，对逻辑资源的使用与物理资源相差很少或者没有区别。虚拟化的目标是实现IT资源利用效率和灵活性的最大化。实际上，虚拟化是云计算相对独立的一种技术，具有悠久的历史。从最初的服务器虚拟化技术，到现在的网络虚拟化、文件虚拟化、存储虚拟化，业界已经形成了形式多样的虚拟化技术。云计算的持续走热，更是促进了虚拟化技术的广泛应用。

（1）服务器虚拟化

服务器虚拟化也称系统虚拟化，它把一台物理计算机虚拟化成一台或多台虚拟计算机，各虚拟机间通过被称为虚拟机监控器（VMM）的虚拟化层共享CPU、网络、内存、硬盘等物理资源，每台虚拟机都有独立的运行环境。虚拟机可以看成对物理机的一种高效隔离复制，要求同质、高效和资源受控。同质说明虚拟机的运行环境与物理机的环境本质上是相同的；高效指虚拟机中运行的软件需要有接近在物理机上运行的性能；资源受控VMM对系统资源具有完全的控制能力和管理权限。一般来说，虚拟环境由以下三个部分组成：硬件、VMM和虚拟机。VMM取代了操作系统的位置，管理真实的硬件。

对服务器的虚拟化主要包括处理器（CPU）虚拟化、内存虚拟化和I/O虚拟化三部分，部分虚拟化产品还提供中断虚拟化和时钟虚拟化。CPU虚拟化是VMM中最核心的部分，通常通过指令模拟和异常陷入实现；内存虚拟化通过引入客户机物理地址空间实现多客户机对物理内存的共享，影子页表是常用的内存虚拟化技术；I/O虚拟化通常只模拟目标设备的软件接口而不关心硬件具体实现，可采用全虚拟化、半虚拟化和软件模拟三种方式。

按VMM提供的虚拟平台类型可将VMM分为以下两类：①完全虚拟化，它虚拟的是现实存在的平台，现有操作系统无须进行任何修改即可在其上运行。②类虚拟化，虚拟的平台是VMM重新定义的，需要对客户机操作系统进行修改以适应虚拟环境。完全虚拟化技术又分为软件辅助和硬件辅助两类。按VMM的实现结构还可将VMM分为以下三类：①Hypervi-sor模型，该模型下VMM直接构建在硬件层上，负责物理资源的管理及虚拟机的提供；②宿主模型，VMM是宿主操作系统内独立的内核模块，通过调用宿主机操作系统的服务来获得资源，VMM创建的虚拟机通常作为宿主机操作系统的一个进程参与调度；③混合模型，是上述两种模式的结合体，由VMM和特权操作系统共同管理物理资源，实现虚拟化。

（2）存储虚拟化

存储系统大致可分为直接依附存储系统（DAS）、网络附属存储（NAS）和存储区域网络（SAN）三类。DAS是服务器的一部分，由服务器控制输入/输出，目前大多数存储系统属于这一类。NAS将数据处理与存储分离开来，存储设备独立于主机安装在网络上，数据处理由专门的数据服务器完成。用户可以通过NFS或CIFS数据传输协议在NAS上存取文件、共享数据。SAN向用户提供块数据级的服务，是SCSI技术与网络技术相结合的产物，它采用高速光纤连接服务器和存储系统，将数据的存储和处理分离开来。SAN采用集中方式对存储设备和数据进行管理。随着年月的积累，数据中心通常配备多种类型的存储设备和存储系统，这一方面加重了存储管理的复杂度，另一方面也使得存储资源的利用率极低。存储虚拟化应运而生，它通过在物理存储系统和服务器之间增加一个虚拟层，使物理存储虚拟化成逻辑存储，使用者只访问逻辑存储，从而实现对分散的、不同品牌、不同级别的存储系统的整合，简化了对存储的管理。通过整合不同的存储系统，虚拟存储具有如下优点：①能有效提高存储容量的利用率；②能根据性能差别对存储资源进行区分和利用；③向用户屏蔽了存储设备的物理差异；④实现了数据在网络上共享的一致性；⑤简化管理、降低了使用成本。

从系统的观点看，有三种实现虚拟存储的方法，分别是主机级虚拟存储、设备级虚拟存储和网络级虚拟存储。主机级虚拟存储主要通过软件实现，不需要额外的硬件支持。它把外部设备转化成连续的逻辑存储区间，用户可通过虚拟管理软件对它们进行管理，以逻辑卷的形式进行使用。设备级虚拟存储包含两个方面的内容：一是对存储设备物理特性的仿真。二是对虚拟存储设备的实现。仿真技术包含磁盘仿真技术和磁带仿真技术，磁盘仿真利用磁带设备来仿真成磁盘设备，磁带仿真技术则相反，利用磁盘存储空间仿真成磁带设备。虚拟存储设备的实现，是指将磁盘驱动器、RAID、SAN设备等组合成新的存储设备。设备级虚拟存储技术将虚拟化管理软件嵌入在硬件实现，可以提高虚拟化处理和虚拟设备I/O的效率，性能和可靠性较高，管理方便，但成本也高。

网络级虚拟存储是基于网络实现的，通过在主机、交换机或路由器上执行虚拟化模块，将网络中的存储资源集中起来进行管理。有以下三种实现方式：①基于互联设备的虚拟化，虚拟化模块嵌入每个网络的每个存储设备中；②基于交换机的虚拟化，将虚拟化模块嵌入交换机固件或者运行在与交换机相连的服务器上，对与交换机相连的存储设备进行管理；③基于路由器的虚拟化，虚拟化模块被嵌入路由器固件上。网络存储是对逻辑存储的最佳实现。

（3）网络虚拟化

一般而言，在企业数据中心里网络规划设计部门往往会为单个或少数几个应用建设独立的基础网络。随着应用的增长，数据中心的网络系统变得十分复杂，这时需要引入网络虚拟化技术对数据中心资源进行整合。网络虚拟化有两种不同的形式，纵向网络分割和横向节点整合。当多种应用承载在一张物理网络上时，通过网络虚拟化的分割功能（纵向分割），可以将不同的应用相互隔离，使得不同用户在同一网络上不受干扰地访问各自不同应用。纵向分割实现对物理网络的逻辑划分，可以虚拟化出多个网络。对于多个网络节点共同承载上层应用的情况，通过横向整合网络节点并虚拟化出一台逻辑设备，可以提升数据中心网络的可用性及节点性能，简化网络架构。

对于纵向分割，在交换网络可以通过虚拟局域网（VLAN）技术来区分不同业务网段，在路由环境下可以综合使用VLAN、MPLS-VPM、Multi-VRF等技术实现对网络访问的隔离。在数据中心内部，不同逻辑网络对安全策略有着各自独立的要求，可通过虚拟化技术将一台安全设备分割成若干逻辑安全设备，供各逻辑网络使用。横向整合主要用于简化数据中心网络资源管理和使用，它通过网络虚拟化技术，将多台设备连接起来，整合成一个联合设备，并把这些设备当作单一设备进行管理和使用。通过虚拟化整合后的设备组成了单一逻辑单元，在网络中表现为一个网元节点，这在简化管理、配置、可跨设备链路聚合的同时，简化了网络架构，进一步增加了冗余的可靠性。网络虚拟化技术为数据中心建设提供了一个新标准，定义了新一代网络架构。它能简化数据中心运营管理，提高运营效率；实现数据中心的整体无环设计，提高网络的可靠性和安全性。端到端的网络虚拟化，通过基于虚拟化技术的二层网络，能实现跨数据中心的互联，有助于保证上层业务的连续性。

2.虚拟化技术应用

经过多年的发展，虚拟化已经出现很多成熟产品。在VMware、Micro-soft等主流虚拟化厂家的推动下，虚拟化产品以其在资源整合及节能环保方面的优势被广泛应用在各领域。对于日趋庞大的企业数据中心，虚拟化能够整合数据中心的IT资源，最大化提高资源的利用率，简化数据中心的运维管理。对于IDC业务，引入虚拟化能够降低服务提供的粒度，提高资源的利用率和业务开展的灵活性。对云计算而言，虚拟化是必不可少的一项技术，可以说，是虚拟化的成熟使得基于大规模服务器群的云计算变为可能。虚拟化是开展IaaS云服务的基础。下面从这三个方面对虚拟化的应用进行介绍。

（1）企业数据中心整合

企业IT规划部门在设计数据中心时，为简化运维，常常将每个业务部署在单独的服务器上。随着业务的增长，数据中心应用系统日趋复杂，服务器数量也越来越庞大。与此同时，服务器的利用率却参差不齐，有的服务器平均利用率不足百分之十，有的服务器则因访问过量而拥塞崩溃。这使得数据中心变得难以管理，IT资源浪费严重，投资无法精细控制。虚拟化能够整合数据中心的IT基础资源，简化数据中心的运维管理。引入虚拟化后，企业数据中心将获得以下四个方面的优势：①将多台服务器整合到一台或少数几台服务器上，减少服务器数量；②在单一服务器平台上运行多个应用，极大提升资源的利用率；③实现数据中心资源的集中和自动化管理，降低IT运维成本；④避免了旧系统的兼容问题，免除了系统维护和升级等一系列问题。虚拟化技术的引入，有助于构建环保、节能、高效、绿色的新一代数据中心。

（2）IDC整合

IDC是中国电信的传统业务，发展至今，遭遇了来自业务领域的瓶颈和来自技术领域的挑战。在业务方面，IDC业务以空间、带宽、机位等资源出租为主，不同运营商间差异不大，缺乏特色；业务运营密度低，单服务器运行单一业务，导致盈利也低。主机业务面临虚拟主机业务密度高收益低，独立主机收益高密度低的矛盾。在技术方面，IDC资源利用率低闲置率高，超过90%的服务器在90%的时间中CPU使用率不足10%，出现一些应用资源过剩、另一些应用资源不足的矛盾。IDC在管理维护方面也存在困难，维护响应支持时间长、操作慢，备份恢复困难，无集中灾备。在业务和技术双重需求下，IDC亟须引入虚拟化技术。

引入虚拟化技术，IDC资源的分割粒度将由原来以服务器为单位转变为以虚拟机为单位，单一服务器平台可以运行多个互相独立的业务供不同客户使用。虚拟化的引入还将丰富IDC的业务模式。虚拟化能给IDC带来以下五个方面的改进：①降低IDC的运营成本，包括管理、硬件、基础架构、电力、软件方面；②提升现有基础架构的价值；③提升IT基础设施的灵活性，以应用为单位实现资源的动态分配；④提高IDC的服务保障质量，提供快速的灾备/恢复、轻松的集群配置和高可靠性部署，降低系统升级和更新导致的服务器宕机时间；⑤提供更为轻松的自动化和管理功能。虚拟IDC被认为是传统IDC业务的发展趋势，它将在业务创新、安全运营、高效管理、绿色节能等方面带来良好的竞争优势。

（3）IaaS云服务

虚拟化也是开展IaaS云服务的基础，IaaS把计算、存储、网络等IT基础设施通过虚拟化整合和复用后，通过互联网提供给用户。对云计算中心而言，虚拟化是IT设施的基础架构。在提供IaaS服务之前，云提供商须采用虚拟化技术将计算、存储、网络、数据库等IT基础资源虚拟化成相应的逻辑资源池。这样可以带来以下六个方面的好处：①把逻辑资源同时提供给多个租户，实现资源的统计复用，可以最大化数据中心IT资源的使用率；②基于虚拟资源的动态调配，可以方便地解决数据中心资源分配不均衡的问题；③以虚拟资源为单位提供给客户使用，提高了资源的灵活性；④虚拟化整合了数据中心的服务器、存储系统、网络平台，减少了数据中心的物理设备数量，降低数据中心的复杂度；⑤计算、存储、网络等资源独立管理，简化了运维难度；⑥虚拟化技术本身具有的负载均衡、虚拟机动态迁移、故障自动检测等特性，有助于实现数据中心的自动化智能管理。当虚拟化技术将闲散的物理资源集中和管理起来后，IaaS 云服务提供商就可以考虑如何将这些抽象的虚拟资源提供给用户，以创造经济效益。

3.虚拟化现状和趋势

虚拟化并不是一项新技术，实际上它已经存在 40 多年，由最初大型机系统的时分共享，到现在成熟的数据中心整合和自动化技术。服务于数据中心的虚拟化技术经历了三个阶段的发展：①第一阶段以技术为中心，目的是整合数据中心的 IT 资源，包括服务器、应用、存储等，主要应用于测试和开发领域；②第二阶段以服务为中心，目的是构建共享式的基础架构，供多种业务同时使用，服务器整合和高可用性桌面整合是主要应用；③第三阶段是以业务为中心，目的是构建适应性的基础架构，实现数据中心统一的、自动化的管理。

经过多年的发展，已经出现了许多成熟的虚拟化产品，这些虚拟化产品各有侧重，共同完成数据中心服务器、存储、网络的虚拟化。

随着虚拟化技术的不断进步，跨平台的虚拟化管理工具和嵌入式管理程序的出现，协议和标准的成熟及虚拟化产品价格的下降，虚拟化技术在 IT 业界得到了前所未有的发展和认可。目前，虚拟化已在服务器领域取得了一定的成功，逐渐占领服务器市场，未来虚拟化将逐渐走向桌面、用户 PC 和应用。

（二）分布式处理

分布式处理是信息处理的一种方式，是与集中式处理相对的一个概念，它通过通信网络将分散在各地的多台计算机连接起来，在控制系统的管理控制下，协调地完成信息处理任务。分布式处理常用于对海量数据进行分析计算，它把数据和计算任务分配到网络上不同的计算机，这些计算机在控制器的调度下共同完成计算任务，在设备性能大幅提升的今天，分布式处理的性能主要取决于数据和控制的通信效率。

分布式处理是云计算的一个关键环节，它可以部署在虚拟化之上。解决云计算数据中心大规模服务器群的协同工作问题，由分布式文件系统、分布式计算、分布式数据库和分布式同步机制四部分组成。在云计算出现以前，业界就不乏对分布式处理的理论研究和系统实现。

1.主要的分布式处理技术

一个完整的计算机系统由计算硬件、数据和程序逻辑组成。对分布式处理而言，计算机硬件由云计算数据中心各服务器、存储和网络设施组成，这些设施可以是虚拟化后的逻辑资源，数据则存放在分布式文件系统或分布式数据库中，程序逻辑由分布式计算模型定义。当分布在网络的计算机访问相同的资源时，可能会引起资源冲突，因此需要引入并发控制机制，解决分布式同步问题。下面，从四个方面对分布式处理技术进行简要介绍。

（1）分布式文件系统

文件系统是共享数据的主要方式，是操作系统在计算机硬盘上存储和检索数据的逻辑方法，这些硬盘可以是本地驱动器，也可以是网络上使用的卷或存储区域网络（SAN）上的导出共享。通过对操作系统所管理的存储空间进行抽象，文件系统向用户提供统一的、对象化的访问接口，屏蔽了对物理设备的直接操作和资源管理。

分布式文件系统是分布式计算环境的基础架构之一，它把分散在网络中的文件资源以统一的视点呈现给用户，简化了用户访问的复杂性，加强了分布系统的可管理性，也为进一步开发分布式应用准备了条件。分布式文件系统建立在客户机/服务器技术基础之上，由服务器与客户机文件系统协同操作。控制功能分散在客户机和服务器之间，使得诸如共享、数据安全性、透明性等在集中式文件系统中很容易处理的事情变得相当复杂。文件共享可分为读共享、顺序写共享和并发写共享，在分布式文件系统中顺序写需要解决共享用户的同一视点问题，并发写则需要考虑中间插入更新导致的一致性问题。在数据安全性方面，需要考虑数据的私有性和冲突时的数据恢复。透明性要求文件系统给用户的界面是统一完整的，至少需要保证位置透明并发访问透明和故障透明。此外，扩展性也是分布式文件系统需要重点考虑的问题，增加或减少服务器时，分布式文件系统应能自动感知，而且不对用户造成任何影响。

基于云数据中心的分布式文件系统构建在大规模廉价服务器群上，面临以下五个挑战：①服务器等组件的失效将是正常现象，须解决系统的容错问题；②提供海量数据的存储和快速读取；③多用户同时访问文件系统，须解决并发控制和访问效率问题；④服务器增减频繁，须解决动态扩展问题；⑤须提供类似传统文件系统的接口以兼容上层应用开发，支持创建、删除、打开、关闭、读写文件等常用操作。

以 Google GFS 和 Hadoop HDFS 为代表的分布式文件系统，是符合云计算基础架构要求的典型分布式文件系统设计。系统由一个主服务器和多个块服务器构成，被多个客户端访问，文件以固定尺寸的数据块形式分散存储在块服务器中。主服务器是分布式文件系统中最主要的环节，它管理着文件系统所有的元数据，包括名字空间、访问控制信息、文件到块的映射信息、文件块的位置信息等，还管理系统范围的活动，如块租用管理、孤儿块的垃圾回收及块在块服务器间的移动。块服务器负责具体的数据存储和读取。主服务器通过心跳信息周期性地跟每个块服务器通信，给它们指示并收集它们的状态，通过这种方式系统可以迅速感知服务器的增减和组件的失效，从而解决扩展性和容错能力问题。

为保证系统的健壮性和可靠性，设置了辅助主服务器作为主服务器的备份，以便在主服务器故障停机时迅速恢复过来。系统采取冗余存储的方式来保证数据的可靠性，每份数据在系统中保存三个以上的备份。为保证数据的一致性，对数据的所有修改需要在所有的备份上进行，并用版本号的方式来确保所有备份处于一致的状态。

客户端被嵌到每个程序里，实现了文件系统的 API，帮助应用程序与主服务器和块服务器通信，对数据进行读写。客户端不通过主服务器读取数据，它从主服务器获取目标数据块的位置信息后，直接和块服务器交互进行读操作，避免大量读写主服务器而形成系统性能瓶颈。在进行追加操作时，数据流和控制流被分开。客户端向主服务器申请租约，获取主块的标识符以及其他副本的位置后，直接将数据推送到所有的副本上，由主块控制和同步所有副本间的写操作。

与传统分布式文件系统相比，云基础架构的分布式文件系统在设计理念上更多地考虑了机器的失效问题、系统的可扩展性和可靠性问题，它弱化了对文件追加的一致性要求，强调客户机的协同操作。这种设计理念更符合云计算数据中心由大量廉价 PC 服务器构成的特点，为上层分布式应用提供了更高的可靠性保证。

（2）分布式数据库

分布式数据库（DD-BS）是一组结构化的数据集，逻辑上属于同一系统，而物理上分散在用计算机网络连接的多个场地上，并统一由一个分布式数据库管理系统管理。与集中式或分散数据库相比，分布式数据库具有可靠性高、模块扩展容易、响应延迟小、负载均衡、容错能力强等优点。在银行等大型企业，分布式数据库系统被广泛使用。分布式数据库仍处于研究和发展阶段，目前还没有统一的标准。对分布式数据库来说，数据冗余并行控制、分布式查询、可靠性等是设计时须主要考虑的问题。数据冗余是分布式数据库区别于其他数据库的主要特征之一，它保证了分布式数据库的可靠性，也是并行的基础。有以下两种类型的数据重复：①复制型数据库，局部数据库存储的数据是对总体数据库全部或部分复制；②分割型数据库，数据集被分割后存储在每个局部数据库里。冗余保证了数据的可靠性，但也增加了数据一致性问题。由于同一数据的多个副本被存储在不同的节点里，对数据进行修改时，须确保数据所有的副本都被修改。这时，需要引入分布式同步机制对并发操作进行控制，最常用的方式是分布式锁机制及冲突检测。在分布式数据库中，由于节点间的通信使得查询处理的时延大，另外，各节点具有独立的计算能力，又使并行处理查询请求具有可行性。因此，对分布式数据库而言，分布式查询或称并行查询是提升查询性能的最重要手段。可靠性是衡量分布式数据库优劣的重要指标，当系统中的个别部分发生故障时，可靠性要求对数据库应用的影响不大或者无影响。

基于云计算数据中心大规模廉价服务器群的分布式数据库同样面临以下四个挑战：①组件的失效问题，要求系统具备良好的容错能力；②海量数据的存储和快速检索能力；③多用户并发访问问题；④服务器频繁增减导致的可扩展性问题。

以 Google BigTable 和 Hadoop Hbase 为代表的分布式数据库是符合云计算基础架构要求的典型分布式数据库，可以存储和管理大规模结构化数据，具有良好的可扩展性，可部署在上千台廉价服务器上存储 petabyte 级别的数据。这类型的数据库通常不提供完整的关系数据模型，只提供简单的数据模型，使得客户端可以动态控制数据的布局和格式。

BigTable 和 Hbas 采取了基于列的数据存储方式，数据库本身是一张稀疏的多维度映射表，以行、列和时间戳作为索引，每个值是未做解释字节数组。在行关键字下的每个读写操作都是原子性的，不管读写行中有多少不同的列。BigTable 通过行关键字的字典序来维护数据，一张表可动态划分成多个连续行，连续行称为 Tablet，它是数据分布和负载均衡的基本单位。BigTable 把列关键字分成组，每组为一个列族，列族是BigTable的基本访问控制单元。通常，同一列族下存放的数据具有相同的类型。在创建列关键字存放数据之前，必须先创建列族。在一张表中列族的数量不能太多，列的数量则不受限制。BigTable表项可以存储不同版本的内容，用时间戳来索引，按时间戳倒序排列。

　　分布式数据库通常建立在分布式文件系统之上，BigTable使用Google分布式文件系统来存储日志和数据文件。BigTable采用SSTable格式存储数据，后者提供永久存储的、有序的、不可改写的关键字到值的映射及相应的查询操作。此外，BigTable还使用分布式锁服务Chubby来解决一系列问题，如保证任何时间最多只有一个活跃的主备份，存储BigTable数据的启动位置，发现Tablet服务器，存储BigTable模式信息、存储访问权限等。

　　BigTable由客户程序库、一个主服务器（Master）和多个子表服务器（Tablet server）组成。Master负责给子表服务器指派Tablet，检测加入或失效的子表服务器，在子表服务器间进行负载均衡，对文件系统进行垃圾收集，及处理诸如建表和列族之类的表模式更改工作。子表服务器负责管理一个子表集合，处理对子表的读写操作及分割维护等。客户数据不经过主服务器，而是直接与子表服务器交互，避免了对主服务器的频繁读写造成的性能瓶颈。为提升系统性能，BigTable还采用了压缩、缓存等一系列技术。

　　（3）分布式计算

　　分布式计算是让几个物理上独立的组件作为一个单独的系统协同工作，这些组件可能指多个CPU或者网络中的多台计算机。它做了如下假定：如果一台计算机能够在5秒钟内完成一项任务，那么5台计算机以并行方式协同工作时就能在1秒钟内完成。实际上，由于协同设计的复杂性，分布式计算并不都能满足这一假设。对分布式编程而言，核心的问题是如何把一个大的应用程序分解成若干可以并行处理的子程序。有两种可能处理的方法：一种是分割计算，即把应用程序的功能分割成若干个模块，由网络上多台机器协同完成；另一种是分割数据，即把数据集分割成小块，由网络上的多台计算机分别计算。对于海量数据分析等计算密集型问题，通常采取分割数据的分布式计算方法，对于大规模分布式系统则可能同时采取这两种方法。

　　大型分布式系统通常会面临如何把应用程序分割成若干个可并行处理的功能模块，并解决各功能模块间协同工作的问题。这类系统可能采用以C/S结构为基础的三层或多层分布式对象体系结构，把表示逻辑、业务逻辑和数据逻辑分布在不同的机器上，也可能采用Web体系结构。

基于C/S架构的分布式系统可借助中间件技术解决各模块间的协同工作问题。中间件是分布式系统中介于操作系统与分布式应用程序之间的基础软件，它屏蔽了底层环境的复杂性，有助于开发和集成复杂的应用软件。通过中间件，分布式系统可以把数据转移到计算所在的地方，把网络系统的所有组件集成为一个连贯的可操作的异构系统。

基于Web体系架构的分布式系统，或称Web Service，是位于Internet上的业务逻辑，可以通过基于标准的Internet协议进行访问。Web服务建立在XML上，具有松散耦合、粗粒度、支持远程过程调用RPC、同步或异步能力、支持文档交换等特点。Web Service模型是一个良好的、高度分布的、面向服务的体系结构，它采用开放的标准，支持不同平台和不同应用程序的通信，是未来分布式体系架构的发展趋势。

（4）分布式同步机制

在分布式系统中，对共享资源的并行操作可能会引起丢失修改、读脏数据、不可重复读等数据不一致问题，这时需要引入同步机制控制进程的并发操作。有以下五种常用的并发控制方法：①基于锁机制的并发控制方法；②基于时间戳的并发控制方法；③乐观并发控制方法；④基于版本的并发控制方法；⑤基于事务类的并发控制方法。对由大规模廉价服务器群构成的云计算数据中心而言，分布式同步机制是开展一切上层应用的基础，是系统正确性和可靠性的基本保证。Google Chubby和Hadoop ZooKeeper是云基础架构分布式同步机制的典型代表，用于协调系统各部件，其他分布式系统可以用它来同步访问共享资源。

2.分布式处理技术应用

经过多年的发展，分布式处理已逐渐成为一项基本的计算机技术，被广泛应用在各行业大型系统的构建中，包括虚拟现实、金融业、制造业、地理信息、网络管理等。它基于网络，充分利用分散在各地的闲散计算机资源，具有大规模、高效率、高性能、高可靠性等优点。对构建在大规模廉价服务器群上的云计算而言，分布式处理更是必不可少的一项技术，它是PaaS云服务的内容，也是提供SaaS服务的基础。

PaaS云服务把分布式软件开发、测试、部署环境当作服务提供给应用程序开发人员，分布式环境成为服务提供的内容。因此要开展 PaaS 云服务，首先需要在云计算数据中心架设分布式处理平台，包括作为基础存储服务的分布式文件系统和分布式数据库、为大规模应用开发提供的分布式计算模式以及作为底层服务的分布式同步设施。其次，需要对分布式处理平台进行封装，使之能够方便地为用户所用，包括提供简易的软件开发环境 SDK、提供简单的 API 编程接口、提供软件编程模型和代码库等。Google 应用引擎（AppEngine）是 PaaS 的典型应用，它构建在 Google 内部云平台上，由 Python 应用服务器群、BigTable 数据库及 GFS 数据存储服务组成。用户基于 Google 提供的软件开发环境，可以方便地开发出网络应用程序，并部署运行在 Google 云平台。通过这种方法，Google 成功地将其内部云计算基础架构运营起来，供广大互联网应用程序开发人员使用。分布式处理技术是 GAE 的核心，也是 GAE 得以运营的基础。

　　分布式处理技术也是提供 SaaS 云服务的基础，这体现在两个方面：首先，分布式网络应用开发技术（这里指中间件技术和 Web Service 技术）是主要的在线软件技术之一，许多作为 SaaS 服务运营的在线软件，都是基于分布式网络应用技术设计开发的；其次，部署在云计算数据中心的软件系统，需要借助分布式处理技术来协调整个系统的工作，以充分发挥服务器集群的作用。Salesforce 公司是在 SaaS 领域运营最为成功的企业，它的在线 CRM、ERP 等服务就是通过 Web Service 接口提供给用户的。

　　3. 分布式处理现状和发展趋势

　　随着计算机网络技术的发展和电子元器件性价比的不断提升，分布式处理技术逐渐得到各行业的广泛关注和普遍应用。它通过有效调动网络上成千上万台计算机的闲置处理资源及存储资源，来组成一台虚拟的超级计算机，为超大规模计算事务提供强大的计算能力。最早，分布式处理技术主要用在科研领域和工程计算中，通过征用志愿者的闲散处理器及存储资源，来共同完成科学计算任务。随着 Internet 的迅速发展和普及，分布式计算成为网络发展的主流趋势，中间件技术、Web Service、网格、移动 Agent 等分布式技术的出现，更是推动了分布式技术的应用，越来越多的大型应用系统都基于分布式技术来构建，以期在性能、可靠性、可扩展性方面取得最佳。

　　目前，网络上的分布式应用系统主要采取三层或多层 C/S 架构，并借助中间件技术进行系统集成。基于标准的 Internet 协议的 Web Service 技术，以其开放标准和良好的平台兼容性，逐渐得到业界的关注和认可，也被认为是未来分布式体系架构的发展趋势。随着云计算的持续走热，作为云计算基础技术之一的分布式处理技术，必将得到越来越多的重视和研究。分布式处理技术将根据云计算数据中心高带宽、由大规模廉价服务器群组成的特点，在容错性、可靠性和可扩展性方面做出更多的考虑。此外，分布式处理作为PaaS的服务内容，将随着互联网应用的发展，在计算模式、存储形式等方面有所改进和完善。SaaS在线软件运营行业的发展，将促进中间件和Web Service技术这些分布式应用技术的发展和应用。为应对SaaS大规模运营的需求，分布式技术将在健壮性、兼容性和性能方面做出改进。虽然分布式处理技术已经发展多年，但是业内并没有形成相关的标准。云计算的发展成熟，有利于促进分布式处理技术行业标准的形成。

（三）运营管理

运营管理是云计算服务提供的关键环节，任何一项业务的成功开展都离不开运营管理系统的支撑。对IaaS而言，当虚拟化技术将闲散的物理资源集中和管理起来后，IaaS云服务提供商需要考虑如何将这些抽象的虚拟资源提供给用户，并从中创造经济效益。对PaaS而言，在云平台上部署分布式存储、分布式数据库、分布式同步机制和分布式计算模式等技术后，平台就具备了分布式软件开发的基本能力，PaaS云服务提供商需要考虑如何将这个开发平台提供给用户，并解决与此相关的一系列问题。对SaaS而言，由于服务本身构建在互联网上，用户具备联网能力即可在线使用。不管哪一种服务的运营管理系统，都需要解决产品在运营过程中涉及的计费、认证、安全、监控等系统管理问题和用户管理。此外，针对业务特点的不同，各业务运营管理系统还须解决各自不同的问题。

IaaS运营管理系统针对IaaS业务，一方面须对IT基础设施进行管理，包括屏蔽硬件差异、监控物理资源使用状态、动态分配虚拟资源等；另一方面还须提供与用户交互的接口，包括提供标准的API接口、提供虚拟资源的配置接口、提供服务目录供用户查找可用服务、提供实时监视和统计功能等。

PaaS运营管理系统针对PaaS业务，要将整个平台作为服务提供给互联网应用程序开发者，须解决用户接口和平台运营相关问题。

在用户接口方面，包括提供代码库、编程模型、编程接口、开发环境等。代码库封装平台的基本功能如存储、计算、数据库等，供用户开发应用程序时使用。编程模型决定了用户基于云平台开发的应用程序类型，它取决于平台选择的分布式计算模型。对于PaaS服务来说，编程模型对用户必须是清晰的，用户应当很明确基于这个云平台可以解决什么类型问题及如何解决这种型的问题。PaaS提供的编程接口应该是简单的、易于掌握的，过于复杂的编程接口会降低用户将现有应用程序迁移至云平台，或基于云平台开发新型应用程序的积极性。提供开发环境SDK对运营PaaS来说不是必需的，但是，一个简单、完整的SDK有助于开发者在本机开发、测试应用程序，从而简化开发工作，缩短开发流程。GAE和Azure等著名的PaaS平台，都为开发者提供了基于各自云平台的开发环境。

在运营管理方面，PaaS运行在云数据中心，用户基于PaaS云平台开发的应用程序最终也将在云数据中心部署运营。PaaS运营管理系统须解决用户应用程序运营过程中所需的存储、计算、网络基础资源的供给和管理问题，须根据应用程序实际运行情况动态增加或减少运行实例。为保证应用程序的可靠运行，系统还需要考虑不同应用程序间的相互隔离问题，让它们在安全的沙盒环境中可靠运行。

云计算运营管理是一个复杂的问题，目前业界还未形成相关的标准，也没有可以拿来直接部署使用的系统，云服务提供商须各自实现。

第二节　物联网的应用

一、物联网概述

（一）物联网的基本定义

物联网是物物相连接的网络，但由于其发展时间还不长，目前还没有一个权威统一的概念，我们在这儿介绍一下目前大众比较认可的物联网的概念：物联网是通过条码与二维码、射频标签（RFID）、全球定位系统（GPS）、红外感应器、激光扫描器、传感器网络等自动标识与信息传感设备及系统，按照约定的通信协议，通过各种局域网、接入网、互联网将物与物、人与物、人与人连接起来，进行信息交换与通信，以实现智能化识别、定位、跟踪、监控和管理的一种信息网络。

感知部分包括RFID、传感网WSN、条码二维码、定位系统、扫描感应器等。接入网通过网络直接将物品接入互联网，或者先组成局域网，然后再接入互联网等，从而形成人—物、物—人、物—物等进行信息交换的网络信息系统。

（二）互联网、物联网与泛在网

互联网起源于20世纪60年代中期，在今天彻底改变了我们的生活，物联网后来居上，在未来会不会像互联网一样彻底改变我们未来的生活呢？下面简述与互联网、物联网相关的一些概念，并揭示互联网、物联网与一个更大的泛在网概念之间的关系。

1.互联网的相关概念

（1）互联网。又称因特网（Internet），是一种将计算机通过连接形成的庞大网络，这些网络以一组通用的协议相连，形成逻辑上单一巨大的国际网络。这种将计算机网络连接在一起的方法可称作"网络互联"，在这基础上发展出覆盖全世界的全球性互联网络称"互联网"。

（2）IOT。原始含义是物与物相联结的网络。最早的IOT网络，实际上就是RFID网络，该概念最早来自美国麻省理工学院的Auto-ID中心研究人员。他们最早提出将RFID与互联网相结合，实现在任何地点、任何时间，对任何物品进行标识和管理。随之发展起来的，如欧盟的产品电子代码EPC服务于物流领域，主要目的在于增加供应链的可视、可控性，偏重于对物品的识别及流动控制和管理。

（3）传感网。传感器网络的简称，通俗地讲，就是将传感器组成网络，形成网络的方式可以通过有线连接，更多的是通过无线的方式组成网络。而传感器则是一种能够探测、感受外界的信号、物理条件（如光、热、湿度）或化学组成（如烟雾），并将探知的信息传递给其他装置的器件。传感器网络综合利用传感器技术、嵌入式技术、通信技术和分布式信息处理技术等，将分布在空间上的许多智能传感器节点通过无线通信方式组成一种多跳、无线自组织网络。这种网络能够通过节点间的协作实时监测、感知和采集网络分布区域内的各类物理或化学信息（如温度、湿度、光照度、声音、振动、压力、移动），并对这些信息进行处理，将获取的经过处理后的信息传送到需要这些信息的用户手中。此外，还可以对监控系统直接进行控制。

（4）M2M。最早来自诺基亚，其含义有machine-to-machine、man-to-machine，或者machine-to-man等，其侧重点在于无线数据通信和信息技术的无缝连接，从而实现在其基础上的无线业务流程的自动化、集成化，并最终为用户创造增值服务。

（5）泛在网。又简称为U网络，指基于个人和社会的需求，利用现有的网络技术和新的网络技术，实现人与人、人与物、物与物之间按需进行的信息获取、传递、存储、认知、决策、使用等服务，网络超强的环境感知、内容感知及其智能性，为个人和社会提供泛在的、无所不含的信息服务和应用。

泛在网络是在普适计算基础上衍生出来的。普适计算或泛在计算，又称U计算，是由美国Xerox PAPC实验室在1991年首次提出的一种全新的计算模式。这种新型的计算模式建立在分布式计算、通信网络、移动计算、嵌入式系统、传感器等技术的飞速发展和日益成熟的基础上，它体现了信息空间与物理空间的融合趋势，反映了人们对信息服务模式的更高需求——希望能随时、随地、自由地享用计算能力和信息服务，使人类生活的物理环境与计算机提供的信息环境之间的关系发生革命性改变。

泛在网络可以认为是普适计算或泛在计算的具体实现。建立一个泛在网络社会，首先要建立起能够实现人与人、人与计算机、计算机与计算机、人与物、物与物之间信息交流的泛在网络基础架构，然后在泛在网络基础之上加载让人们生活更加便利的各种应用。在泛在网络社会中，网络空间、信息空间和物理空间实现无缝连接，软件、硬件、系统、终端、内容、应用实现高度整合。现有的电信网、互联网和广电网之间，固定网、移动网和无线接入网之间，基础通信网、应用网和射频感应网之间都应该实现融合。即对于用户而言，能够感知到的是所需要的信息或服务，而不需要知道和关心正在使用的是什么类型的网络。

2.几个概念之间的关系

不论是FRID网络、M2M、传感网，还是CPS，随着它们的进一步发展，其共有的普适计算和泛在网络的特性，使这些技术具有融合的趋势。随之而来的物联网概念可以看作是从普适计算和泛在网络的应用角度将这些技术进行了融合和扩展。

物联网作为泛在网的一种具体应用，强调将物体（可以是对应的实际物体，也可以是抽象化了的虚拟物体）通过传感器、RFID等进行感知，感知信息依靠网络（无线网络、有线网络等）相互联结，实现信息与人或物自动交互，最终使我们的环境变得不需要人类进行干预，并能为人类服务的智能化世界。

物联网还可以看作互联网的拓展应用，是互联网的"最后一公里"，是信息化的深化和新的发展。如果说计算机和互联网带来的是信息化的"温饱"阶段，未来物联网的应用实现可看作是信息化的"小康"阶段，将来信息化可能会向更加智慧化的泛在网的"发达"阶段迈进。

传感网、物联网与泛在网的关系。传感网可以看作物联网的一部分，属于一种末端网络，具有低速率、短距离、低功耗、自组织组网的特性。而物联网与泛在网概念最为接近，可以看作泛在网在目前的一种实现形式，或者是将来的泛在网的一部分。不过，传感网正在向着泛在传感网方向发展，从这个意义上讲，传感网的概念比较接近物联网的概念。

对于互联网与物联网的关系，由于物联网目前处于起步阶段，如果说区别，可以说互联网是为人而生，而物联网则是为物而生。互联网的产生是为了人通过网络交换信息，其服务的主体是人。而未来的物联网是为物而生，主要为了管理物，让物自主地交换信息，间接服务于人类。从信息的进化上讲，从人的互联到物的互联，是一种自然的递进，本质上互联网和物联网都是人类智慧的物化而已，人的智慧对自然界的影响才是信息化进程的本质原因。

二、物联网的体系架构

物联网是物物相连的网络，各种物联网的应用依赖物联网自动连接形成的信息交互网络而完成。物联网系统也可以比拟为一个虚拟的"人"，有类似眼睛和耳朵的感知系统，有信息传输的神经系统，有信息综合处理分析和管理的大脑系统，还有类似手脚去影响外界的执行应用系统。

目前，物联网的体系架构一般分为三层，即感知层、网络层和应用层；也有的分为四层，即感知层、传输层、服务管理层（也称智能层）和应用层。本质上讲这两种分法都是一样的。下面简单介绍各层的组成和功能。

（一）感知层

感知层主要用于实现对外界的感知，识别或定位物体，采集外界信息等。主要包括二维码标签、RFID标签、读写器、摄像头、各种终端、GPS等定位装置、各种传感器或局部传感器网络等。

（二）传输层

传输层主要负责感知信息或控制信息的传输，物联网通过信息在物体间的传输可以虚拟成为一个更大的"物体"，或者通过网络，将感知信息传输到更远的地方。传输层包括各种有线和无线组网技术、接入互联网的网关等。

（三）服务管理层

服务管理层主要用对感知层通过传输层传输的信息进行动态汇集、存储、分解、合并、数据分析、数据挖掘等智能处理，并为应用层提供物理世界所对应的动态呈现等。其中主要包括数据库技术、云计算技术、智能信息处理技术、智能软件技术、语义网技术等。

（四）应用层

应用层主要用于实现物联网的各种具体的应用并提供服务，物联网具有广泛的行业结合的特点，根据某一种具体的行业应用，应用层实际上依赖感知层、传输层和服务管理层共同完成应用层所需要的具体服务。

三、物联网的关键技术

物联网各种具体应用的实现要完成全面感知、可靠传输、智能处理、自动控制四个方面的要求，涉及较多的技术，主要有二维码技术、传感器技术、RFID技术、红外感知技术、定位技术、无线通信与组网技术、互联网接入技术（如IPV6技术）、物联网中间件技术、云计算技术、语义网技术、数据挖掘、智能决策、信息安全与隐私保护、应用系统开发技术等（如嵌入式开发技术、系统开发集成技术等）。

上述物联网的关键技术与物联网的体系架构相对应，大致分为感知与识别技术、通信与组网技术和信息处理与服务技术三类。下面分别介绍。

（一）感知与识别技术

物联网的感知与识别技术主要实现对物体的感知与识别。感知与识别都属于自动识别技术，即应用一定的识别装置，通过被识别物品和识别装置之间的接近活动，自动地获取被识别物品的相关信息，并提供给后台的计算机处理系统来完成相关后续处理的一种技术。识别技术主要实现识别物体本身的存在，定位物体位置、移动情况等，常采用的技术包括射频识别技术，如RFID技术、GPS定位技术、红外感应技术、声音及视觉识别技术、生物特征识别技术等。感知技术主要通过在物体上或物体周围嵌入各类传感器，感知物体或环境的各种物理或化学变化等。下面，主要介绍一下RFID射频识别技术和传感器技术。

1.射频识别RFID技术

射频识别（RFID）是一种非接触的自动识别技术，利用射频信号及其空间耦合传输特性，实现对静态或移动物体的自动识别。一方面，RFID技术可实现无接触的自动识别，具有全天候、识别穿透能力强、无接触磨损，可同时实现对多个物品的自动识别等诸多特点，将这一技术应用到物联网领域，使其与互联网、通信技术相结合，可实现全球范围内物品的跟踪与信息的共享，在物联网"识别"信息和近距离通信的层面中，起着至关重要的作用；另一方面，产品电子代码（EPC）采用RFID电子标签技术作为载体，大大推动了物联网的发展和应用。RFID技术市场应用成熟，标签成本低廉，但RFID一般不具备数据采集功能，多用来进行物品的甄别和属性的存储。目前，在国内RFID已经在身份证、电子收费系统和物流管理等领域有了广泛应用。

2.传感器技术

传感器技术是一门涉及物理学、化学、生物学、材料科学、电子学，以及通信与网络技术等多学科交叉的高新技术，而其中的传感器是一种物理装置，能够探测、感受外界的各种物理量（如光、热、湿度）、化学量（如烟雾、气体等）、生物量及未定义的自然参量等。传感器是物联网信息采集的基础，是摄取信息的关键器件，物联网就是利用这些传感器对周围的环境或物体进行监测，达到对外"感知"的目的，以此作为信息传输和信息处理并最终提供控制或服务的基础。传感器将物理世界中的物理量、化学量、生物量等转化成能够处理的数字信号，一般需要将自然感知的、模拟的电信号通过放大器放大后，再经模拟转化器转换成数字信号，从而被物联网所识别和处理。此外，物联网中的传感器除了要在各种恶劣环境中准确地进行感知，其低能耗和微小体积也是必然的要求。最近发展很快的MEMS（micro-electro mechanical systems，微电子机械系统技术）是解决传感器微型化的一种关键手段，其发展趋势是将传感器、信号处理、控制电路、通信接口和电源等部件组成一体化的微型器件系统，从而大幅度地提高系统的自动化、智能化和可靠性水平。

另外，传感器技术正与无线网络技术相结合，综合传感器技术、纳米技术、分布式信息处理技术、无线通信技术等，使嵌入任何物体的微型传感器相互协作，实现对监测区域的实时监测和信息采集，形成一种集感知、传输、处理于一体的终端末梢网络。

（二）通信与网络技术

物联网通信与组网技术实现物与物的连接。从信息化的视角看，物联网本质上就是实现信息化的一种新的流动形式，其主要内容包括信息感知、信息收集、信息处理和信息应用。信息流动需要网络的存在（更进一步实现信息融合、信息处理和信息应用等），没有信息流动，物体和人就是孤立的，比如你看不到更大区域的整体信息或者更远处的具体信息等。

物体联网的实质是将物体的信息连接到网上，因此，物联网中网络的作用在于使物体信息能够流通。信息的流通可以是单向的，比如我们可以监测一个区域的污染情况，污染信息流向信息终端；也可以是双向的，比如智能交通控制，既能够监测交通情况，又可以实现智能交通疏导。网络的一个作用可以把信息传输到很远的地方，另外一个作用可以把分散在不同区域的物体连接到一起，形成一个虚拟的智能物体。

对于物联网中网络的形式，可以是有线网络、无线网络；可以是短距离网络和长距离网络；可以是企业专用网络、公用网络；还可以是局域网、互联网等。物联网的物体既可以通过有线网络将物体连接起来，比如飞机上的传感器可以使用有线网络将传感器连接起来；也可以使用无线联网，比如手机就是一种无线的联网方式。无线传感器网络也使用无线组网方式。物联网的网络可以是专用网络，比如企业内部网络，也可以是公用网络，比如将商店蔬菜的信息连接到互联网上，购买者就可以使用互联网完成蔬菜的溯源任务。对于实际的物联网应用也可以由上述网络组成一个混合网络。

对于物联网，无线网络具有特别的吸引力，比如不用部署线路并且特别适合于移动物体。无线网络技术丰富多样，根据距离不同，可以组成无线个域网、无线局域网和无线城域网。

其中利用近距离的无线技术组成个域网是物联网最为活跃的部分。这主要因为，物联网被称作互联网的"最后一公里"，也称为末梢网络，其通信距离可能是几厘米到几百米之间，常用的主要有Wi-Fi、蓝牙、ZigBee、RFID、NFC和UWB等技术。这些技术各有所长，但低速率意味着低功耗、节点的低复杂度和更低的成本，结合实际应用需要可以有所取舍。在物流领域，RFID以其低成本占据着核心地位。而在智能家居的应用中，ZigBee逐步占据重要地位。但对于安防使用高清摄像的应用，Wi-Fi或者直接连接到互联网可能是唯一的选择。

物联网的许多应用，比如比较分散的野外监测点、市政各种传输管道的分散监测点、农业大棚的监测信息汇聚点、无线网关、移动的监测物体（如汽车等）等，一般需要远距离的无线通信技术。常用的远距离通信技术主要有GSM、GPRS、WiMAX、4G/5G移动通信，甚至卫星通信等。从能耗上看，长距离无线通信比短距离无线通信往往具有更高的能耗，但其移动性和长距离通信使物联网具有更大的监测空间和更多有吸引力的应用。

从近距离通信网络到远距离通信网络往往会涉及连接到互联网的技术。使用新的网络技术，如IPv6可以给每一个物体分配一个IP地址，这意味着得到IP地址的节点要额外产生较大的能耗。但很多情况下可能不需要给每个物体分配一个IP地址，我们或许不关心每一个物体的情况，而仅仅关心多个物体所汇集的信息，一个区域的传感器节点可能仅仅需要一个网络接入点，比如使用一个网关。

（三）信息处理与服务技术

信息处理与服务技术负责对数据信息进行智能信息处理并为应用层提供服务。信息处理与服务层主要解决感知数据如何储存（如物联网数据库技术、海量数据存储技术）、如何检索（搜索引擎等）、如何使用（云计算、数据挖掘、机器学习等）、如何不被滥用的问题（数据安全与隐私保护等）。对于物联网而言，信息的智能处理是最为核心的部分。物联网不仅要收集物体的信息，更重要的在于利用这些信息对物体实现管理，因此信息处理技术是提供服务与应用的重要组成部分。

物联网的信息处理与服务技术主要包括数据的存储、数据融合与数据挖掘、智能决策、云计算、安全及隐私保护等。目前，由于物联网处于发展的初级阶段，物联网的信息处理与服务还处于发展之中，对大规模的物联网应用而言，海量数据的处理及数据挖掘、数据分析正是物联网的威力所在，但这些目前还处于发展阶段的初期。

下面简单介绍一些主要的技术，如云计算技术、智能化技术、安全及隐私保护、中间件技术等。

1.云计算技术

云技术是处理大规模数据的一种技术，它通过网络将庞大的计算处理程序自动拆分成无数个较小的子程序，再交给多部服务器所组成的庞大系统，经计算分析之后将处理结果回传给用户。通过这项技术，网络服务提供者可以在数秒之内，达成处理数以千万计甚至亿计的信息，得到和超级计算机同样强大效能的网络服务。

云计算是分布式处理、并行处理和网格计算的发展，或者说是这些计算机科学概念的商业实现。云计算通过大量的分布式计算机，而非本地计算机或远程服务器来实现，这使得用户能够将资源切换到需要的应用上，根据需求访问计算机和存储系统。

尽管物联网与云计算经常一同出现，但二者并不等同。云计算是一种分布式的数据处理技术，而物联网可以说是利用云技术实现其自身的应用。但物联网与云计算的确关系紧密。首先，物联网的感知层产生了大量的数据，因为物联网部署了数量惊人的传感器，如RFID、视频监控等，其采集的数据量很大。这些数据通过无线传感网、宽带互联网向某些存储和处理设施汇聚，使用云计算来承载这些任务具有非常显著的性价比优势。其次，物联网依赖云计算设施对物联网的数据进行处理、分析、挖掘，可以更加迅速、准确、智能地对物理世界进行管理和控制，使人类可以更加及时、精细地管理物质世界，大幅提高资源利用率和社会生产力水平，实现"智慧化"的状态。

因此，云计算凭借其强大的处理能力、存储能力和极高的性价比，成为物联网理想的后台支撑平台；反过来讲，物联网将成为云计算最大的用户，将为云计算取得更大商业成功奠定基石。

2.智能化技术

物联网的智能化技术将智能技术的研究成果应用到物联网中，实现物联网的智能化。比如物联网可以结合智能化技术如人工智能等，应用到物联网中。物联网的目标是实现一个智慧化的世界，它不仅感知世界，关键在于影响世界，智能化地控制世界。物联网根据具体应用结合人工智能等技术，可以实现智能控制和决策。人工智能或称机器智能，是研究如何用计算机来表示和执行人类的智能活动，以模拟人所从事的推理、学习、思考和规划等思维活动，并解决需要人类的智力才能处理的复杂问题，如医疗诊断、管理决策等。

人工智能一般有以下两种不同的方式：一种是采用传统的编程技术，使系统呈现智能的效果，而不考虑所用方法是否与人或动物机体所用的方法相同，这种方法叫工程学方法；另一种是模拟法，它不仅要看效果，还要求实现方法也和人类或生物机体所用的方法相同或相似。

采用工程学方法，需要人工详细规定程序逻辑，在已有的实践中被多次采用。从不同的数据源（包含物联网的感知信息）收集的数据中提取有用的数据，对数据进行滤除以保证数据的质量，将数据经转换、重构后存入数据仓库或数据集市，然后寻找合适的查询、报告和分析的工具与数据挖掘工具对信息进行处理，最后转变为决策。

模拟法应用于物联网的一个方向是专家系统，这是一种模拟人类专家解决领域问题的计算机程序系统，不但采用基于规则的推理方法，而且采用诸如人工神经网络的方法与技术。根据专家系统处理问题的类型，把专家系统分为解释型、诊断型、调试型、维修型、教育型、预测型、规划型、设计型和控制型等类型。

另外一个方向为模式识别，通过计算机用数学技术方法来研究模式的自动处理和判读，如用计算机实现模式（文字、声音、人物、物体等）的自动识别。计算机识别的显著特点是速度快、准确性好、效率高，识别过程与人类的学习过程相似，可使物联网在"识别端"——信息处理过程的起点就具有智能性，保证物联网上每个非人类的智能物体有类似人类的"自觉行为"。

3.安全及隐私保护

物联网是一种虚拟网络与现实世界实时交互的系统，其特点是无处不在的数据感知、以无线为主的信息传输、智能化的信息处理。正如互联网上的安全问题一样，随着物联网的发展，安全问题摆在了重要位置。与互联网不同，从物联网的信息处理过程来看，感知信息经过采集、汇聚、融合、传输、决策与控制等过程，整个信息处理的过程体现了物联网的安全特征与传统的网络安全存在巨大的差异。

物联网一般涉及无线通信。由于无线信道的开放性，信号容易截取并破解干扰，并且物联网包含感知、传输信息、信息处理、控制应用等多个复杂的环节，因此物联网的安全保护更加复杂。一旦物联网的安全得不到保障，将是物联网发展的灾难。物联网也是双刃剑，在利用它好处的同时，我们的隐私也会由于物联网的安全性不够而暴露无遗，从而严重影响我们的正常生活。物联网实现对物体的监控，比如位置信息、状态信息等，而这些信息与我们人本身密切相关。如当射频标签被嵌入人们的日常生活用品中时，那么这个物品可能被不受控制地扫描、定位和追踪。这就涉及隐私问题，需要利用技术保障安全与隐私。

由物联网的应用带来的隐私问题，也会对现有的一些法律法规政策形成挑战，如信息采集的合法性问题、公民隐私权问题等。如果你的信息在任何一个读卡器上都能随意读出，或者你的生活起居信息、生活习性都可以被全天候监视而暴露无遗，这不仅需要技术来保障安全，也需要制定法律法规来保护物联网时代的安全与隐私。因此，在发展物联网的同时，必须对物联网的安全问题更加重视，保证物联网的健康发展。

对于物联网的安全，可以参照互联网所设计的安全防范体系，在传感层、网络传输层和应用层分别设计相应的安全防范体系。下面，针对感知层、网络传输层、服务及应用层的安全问题阐述如下：

（1）感知层的安全问题。在物联网的感知端，智能节点通过传感器提供感知信息，并且许多应用层的控制也在节点端实现。一旦节点被替换，感知的数据和控制的有效性都成了问题。如物联网的许多应用可以代替人来完成一些复杂、危险和机械的工作，所以物联网的感知节点多数部署在无人监控的场景中。而一旦攻击者轻易地接触到这些设备，并对它们造成破坏，甚至通过本地操作更换机器的软硬件等，从而破坏物联网的正常应用。因此，需要在感知层加以防范。此外，对于物联网而言，感知节点的另外一个问题是功能单一、能量有限，数据传输没有特定的标准，这也为提供统一的安全保护体系带来了障碍。

（2）网络传输的安全问题。处于网络末端节点的传输和感知层的问题一样，节点功能简单，能量有限，使得它们无法拥有复杂的安全保护能力，这给网络传输层的安全保障带来困难。对于核心承载网络而言，虽然它具有相对完整的安全保护能力，但由于物联网中节点数量庞大，且常以集群方式存在。因此，对于事件驱动的应用，大量数据的同时发送可以致使网络拥塞，产生拒绝服务攻击。此外，现有通信网络的安全架构都是以人通信的角度设计的，对以物为主体的物联网需要建立新的传输与应用安全架构。

（3）服务及应用层的安全问题。物联网的服务及应用层是信息技术与行业应用紧密结合的产物，充分体现了物联网智能处理的特点，涉及业务管理、中间件、云计算、分布式系统、海量信息处理等部分。上述这些支撑平台要为上层服务管理和大规模行业应用建立起一个高效、可靠和可信的系统，而大规模、多平台、多业务类型使物联网业务层次的安全面临新的挑战。另外，考虑到物联网涉及多领域多行业，海量数据信息处理和业务控制策略将在安全性和可靠性方面面临巨大挑战，特别是业务控制、管理和认证机制、中间件及隐私保护等安全问题显得尤为突出。

从以上介绍可以看出，物联网的安全特征体现了感知信息的多样性、网络环境的多样性和应用需求的多样性，呈现出网络规模大和数据处理量大、决策控制复杂等特点，给物联网安全提出了新的挑战。并且物联网的信息安全建设是一个复杂的系统工程，需要从政策引导、标准制定、技术研发等多方面向前推进，提出坚实的信息安全保障手段，保障物联网健康、快速的发展。

4.中间件技术

中间件是一种位于数据感知设施和后台应用软件之间的应用系统软件。中间件具有两个关键特征：一是为系统应用提供平台服务；二是需要连接到网络操作系统，并且保持运行工作状态。中间件为物联网应用提供一系列计算和数据处理功能，主要任务是对感知系统采集的数据进行捕获、过滤、汇聚、计算、数据校对、解调、数据传送、数据存储和任务管理，减少从感知系统向应用系统中心传送的数据量。同时，中间件还可提供与其他支撑软件系统进行互操作等功能。

从本质上看，物联网中间件是物联网应用的共性需求（如感知、互联互通和智能等层面），与信息处理技术，包括信息感知技术、下一代网络技术、人工智能与自动化技术等的聚合与技术提升。由于受限于底层不同的网络技术和硬件平台，物联网中间件目前主要集中在底层的感知和互联互通。一方面，现实的目标包括屏蔽底层硬件及网络平台差异，支持物联网应用开发、运行时共享和开放互联互通，保障物联网相关系统的可靠部署与可靠管理等内容；另一方面，由于物联网应用复杂度和应用的规模还处于初级阶段，物联网中间件支持大规模物联网应用还存在环境复杂多变、异构物理设备、远距离多样式无线通信、大规模部署、海量数据融合、复杂事件处理、综合运营管理等诸多仍未克服的困难。

四、物联网的应用与发展

（一）物联网在不同领域的应用

物联网具有行业应用的特征，具有很强的应用渗透性，可以运用到各行各业，大致可以分为以下三类：行业应用、大众服务、公共管理。具体细分，主要有城市居住环境、智能交通、消防、智能建筑、家居、生态环境保护、智能环保、灾害监测避免、智慧医疗、智慧老人护理、智能物流、食品安全追溯、智能工业控制、智能电力、智能水利、精准农业、公共管理、智慧校园、公共安全、智能安防、军事安全等应用。

1. 智能工业

工业是物联网应用的重要领域，把具有环境感知能力的各类终端、基于泛在技术的计算模式、移动通信等融入工业生产的各个环节，将劳动力从烦琐和机械的操作中解放出来，可大幅提高工业制造效率，改善产品质量，降低产品成本和资源消耗，将传统工业提升到智能工业。物联网在工业领域的应用主要集中在以下五个方面。

（1）制造业供应链管理。物联网可以应用于企业原材料采购、库存、销售等领域，通过完善和优化供应链管理体系，提高供应链效率，降低成本。

（2）生产过程工艺优化。物联网通过对生产线过程检测、实时参数采集、生产设备监控、监测材料消耗，从而使生产过程的智能监控、智能控制、智能诊断、智能决策、智能维护水平不断提高。

（3）产品设备监控管理。通过各种传感技术与制造技术的融合，可以实现对产品设备的远程操作、设备故障诊断的远程监控。

（4）环保监测及能源管理。物联网与环保设备进行融合可以实现对工业生产过程中产生的各种污染源及污染治理各环节关键指标实现实时监控管理。

（5）工业安全生产管理。把感应器嵌入和装备到矿山设备、油气管道、矿工设备中，可以感知危险环境中工作人员、设备机器、周边环境等方面的安全状态信息，将现有分散、独立、单一的网络监管平台提升为系统、开放、多元的综合网络监管平台，实现实时感知、准确辨识、快捷响应、有效控制。

2.智能农业

智能农业运用遥感遥测、全球定位系统、地理信息系统、计算机网络和农业专家信息系统等技术，与土壤快速分析、自动灌溉、自动施肥给药、自动耕作、自动收获、自动采后处理和自动储藏等智能化农机技术相结合，在微观尺度上直接与农业生产活动、生产管理相结合，创造新型的农业生产方式。物联网使农业生产的精细化、远程化、虚拟化、自动化成为可能，可以实现农业相关信息资源的收集、检测和分析，为农业生产者、农业生产流通部门、政府管理部门提供及时、有效、准确的资源管理和决策支持服务。物联网在农业领域的应用主要集中在以下六个方面。

（1）实现农产品的智能化培育控制。通过使用无线传感器网络和其他智能控制系统可以实现对农田、温室及饲养场等生态环境的监测，及时、精确地获取农产品信息，帮助农业人员及时发现问题，准确地锁定发生问题的位置，并根据参数变化适时调控诸如灌溉系统、保温系统等基础设施，确保农产品健康生长。

（2）实现农产品生产过程的智能化监控。物联网使农产品的流通过程及产品信息的可视化、透明化成为现实，如利用传感器对农产品生长过程进行全程监控和数据化管理，结合RFID电子标签对农产品进行有效、可识别的实时数据存储和管理。

（3）增强农业的生态功能。物联网可实现农产品生产规模化与精细化的协调，使规模化农产品可以精细化培育，规模化发展，在提高产量的同时保持多样性，实现农业的生态功能。

（4）食品安全追溯。农产品安全智能监控系统用于对农产品生产的全程监控，实现从原材料到产成品、从产地到餐桌的全程供应链可追溯系统。

（5）农业设施智能管理系统。主要包括农业设施工况监测、远程诊断和服务调度，以及智能远程操控实现无人作业等。

（6）通过物联网对农用土地资源、水资源、生产资料等信息的收集和处理等，以便为政府、企业及农民进行有效的农业生产规划提供客观合理的信息资料。

3.智能物流

智能物流是指货物从供应者向需求者的智能移动过程，包括智能运输、智能仓储、智能配送、智能包装、智能装卸，以及智能信息的获取、加工和处理等多项基本活动，一方面提供最佳的服务，另一方面消耗最少的资源，形成完备的智能社会物流管理体系。

物联网在物流业的发展由来已久，许多现代物流系统已经具备了信息化、数字化、网络化、集成化、智能化、柔性化、敏捷化、可视化、自动化等先进技术特征。很多物流系统和网络采用了最新的红外、激光、无线、编码、自动识别、定位、无接触供电、光纤、数据库、传感器、RFID、卫星定位等高新技术。

例如在物流过程的可视化智能管理网络系统方面，采用基于GPS卫星导航定位技术、RFID技术、传感技术等，对物流过程实现了实时的车辆定位、运输物品监控、在线调度、配送可视化等管理任务。

另外，利用传感技术、RFID技术、声、光、机、电、移动计算等各项先进技术，建立全自动化的物流配送中心，建立物流作业智能控制和自动化操作的网络，可实现物流与生产联动，实现商流、物流、信息流、资金流的全面协同，实现整个物流作业与生产制造的自动化、智能化。

物联网在物流业的应用实质是与物流信息化进行整合，将信息技术的单点应用逐步整合成一个体系，整体推进物流系统的自动化、可视化、可控化、智能化、系统化、网络化的发展，最终形成智慧物流系统。

4.智能交通

智能交通系统（ITS）是一种将先进的信息技术、数据通信传输技术、电子传感技术及计算机软件处理技术等进行有效的集成，运用于整个地面交通管理系统而建立在大范围内、全方位发挥作用的，高效、便捷、安全、环保、舒适、实时、准确的综合交通运输管理系统，也是一种提高交通系统的运行效率、减少交通事故、降低环境污染，信息化、智能化、社会化、人性化的新型交通运输系统。

智能交通已经研究多年，物联网技术的到来为智能交通的发展带来了新的动力。而最近迅速发展的"车联网"就是物联网结合智能交通发展的新范例，突出表现智能交通的发展将向以热点区域为主、以车为管理对象的管理模式转变。

作为智能交通的重要组成部分，车联网一般由车载终端、控制平台、服务平台和计算分析四部分组成。在车联网中，车载终端是非常重要的组成部分，它和汽车电子相结合，具有双向通信和定位功能。车联网将以智能技术和"云计算"技术作为支撑建立智能交通监控中心的数据管理、服务平台，以智能车路协同技术和区域交通协同联动控制技术实现智能控制。以车载移动计算平台和全路网动态信息服务为双向通信的移动传感车载终端，加上强大的数据存储、数据处理、决策支持的软件和数据库技术，以及传感网、互联网、泛在网的网络环境，对路况环境和车辆实施实时智能监控和智能管理。

另外，车联网可以根据网上交通流量、车辆速度、事故、天气、市政施工等情况进行精细统计分析，通过移动计算和中央计算实施制订管制预案和疏解方案，通过汽车电子信息网络，将指令或通告发送给汽车终端或现场指挥人员，对驶入热点区域的汽车进行差别计价收费，从而对交通流量进行控制调节和调度，达到畅通安全的目的。

5.智能电网

智能电网就是电网的智能化（智电电力），也被称为"电网2.0"，它是建立在集成的、高速双向通信网络的基础上，通过先进的传感和测量技术、先进的设备技术、先进的控制方法及先进的决策支持系统技术的应用，实现电网的可靠、安全、经济、高效、环境友好和使用安全的目标，其主要特征包括自愈、激励和保护用户、抵御攻击、提供满足21世纪用户需求的电能质量、容许各种不同发电形式的接入、启动电力市场及资产的优化高效运行。物联网技术的到来支撑了智能电网的发展，在电力设施监测、智能变电站、配网自动化、智能用电、智能调度、远程抄表等方面发挥重要作用，促进安全、稳定、可靠的智能电力网络的建设。

6.智能环保

智能环保是"数字环保"概念的延伸和拓展，它是借助物联网技术，把感应器和装备嵌入各种环境监控对象（物体）中，通过超级计算机和云计算将环保领域物联网整合起来，可以实现人类社会与环境业务系统的整合，以更加精细和动态的方式实现环境管理和决策的智慧。物联网技术主要作用于污染源监控、水质监测、空气监测、生态监测等方面。同时，物联网技术也运用于建立智能环保信息采集网络和信息平台。

7.智能安防

智能安防技术，指的是服务的信息化、图像的传输和存储技术，其随着科学技术的发展与进步和21世纪信息技术的腾飞已迈入了一个全新的领域，智能化安防技术与计算机之间的界限正在逐步消失。物联网技术主要作用于社会治安监控、危化品运输监控、食品安全监控，重要桥梁、建筑、轨道交通、水利设施、市政管网等基础设施安全监测、预警和应急联动等。

8.智能家居

智能家居是以住宅为平台，利用综合布线技术、网络通信技术、安全防范技术、自动控制技术、音视频技术将家居生活有关的设施集成，构建高效的住宅设施与家庭日程事务的管理系统，提升家居安全性、便利性、舒适性、艺术性，并实现环保节能的居住环境。物联网技术主要作用于家庭网络、家庭安防、家电智能控制、能源智能计量、节能低碳、远程教育等。

（二）物联网的发展

中国物联网发展迅速就是因为可应用范围广泛、需求量大。目前已经从公共管理、社会服务渗透到企业市场、个人家庭，这个过程是呈现递进的趋势的，也表明物联网的技术越来越成熟。

不过，就目前物联网在我们国家的发展状况来看，产业链的形成依旧处于初级阶段，概念也不够成熟。最主要的是缺少一个完善的技术标准体系，整体的产业发展还在酝酿。在这之前，RFID技术希望能够突破物流零售领域，但受到多种因素的影响而一直没能实现。主要是由于物流零售的产业链条过长、具体过程复杂、交易规模大、成本高，难以降低成本、难以获取大量的利润，这也是整个市场发展较慢的原因。而物联网能够满足公共管理服务的需求，政府应该大力推动物联网的发展。首先要把物联网带进市场，提出示范项目，之后物联网的涉及范围会越来越广，能够解决公共管理服务市场出现的问题、提出具体的解决方案，最终形成一个完整的产业链条，把整个市场集合起来带动大型企业的发展。物联网在各个行业的发展应用成熟后就能启动服务项目，完善具体的业务流程，最终形成一个完整的市场。

总结出更加成熟的应用方案，再把这些成熟的应用方案转化成标准体系，只有提出大的行业标准之后才能提出具体的技术标准，在不断推进中形成完整的标准体系。物联网在发展的过程中会涉及多个行业、多个领域，应用不同的技术，总的来说涉及的范围非常广，如果只制定一套标准，是不可能适用在所有的行业中的。所以说互联网产业提出的标准必须覆盖面广，并且能够随着市场的发展逐渐改善。在这一过程中，单一的技术不能为标准注入新鲜的活力，标准应该是有开放性的，要根据市场的大小不断地调整，这样才能够可持续发展。物联网在应用的过程中范围不断地扩大，哪一个行业的市场份额越多，与它相关的标准就越容易被人们认同。

随着应用的范围不断扩大，应用技术不断成熟，物联网在发展的过程中将会创造更多新的技术平台。我们可以说互联网的创新就是集合性的创新，因为一个单独的行业、单独的企业无法研发出成熟的技术，提出完整的方案，要想研发出技术成熟、方案完整的应用，应该和其他的行业企业联合起来，合作研发。也就是设备商提出具体的方案，运营商合作协同实现方案。随着技术产品的成熟完善，应用的范围也在不断扩大，支持的设备也更多，能提供更多的服务，这也是物联网发展成熟的结果。相信在未来将会有更多的公共平台产生，而移动终端网络运营商等一些服务商都要在竞争的过程中重新寻找自己的优势，为自己定位。

受物联网的影响，与传统的商业模式相比，新的商业模式有很大的区别。在新模式下，技术和人的行为结合在一起。要知道，从20世纪末期开始，我们国家的物联网技术就已经走在世界先列，中国人深受传统思想文化的影响，逻辑性强、艺术思想灵活、个性化特征明显。相信在未来，我们国家的物联网将会在世界的范围内创造新的商业模式。

第五章 大数据背景下计算机信息安全技术的应用

第一节 计算机信息安全概述

一、信息安全问题及其重要性

（一）信息安全概述

信息技术范畴中的信息是指计算机中用文字、数值、图形、图像、音频和视频等多种类型的数据所表示的内容。网络环境下的信息系统由主机、链路和转发节点组成。信息分为由主机存储和处理的信息，经过链路传输的信息，转发节点中等待转发的信息等。因此，网络环境下的信息安全的内涵包括与保障网络环境下的信息系统中分布在主机、链路和转发节点中的信息不受威胁，没有危险、危害和损失相关的理论、技术、协议和标准等。网络环境下的信息安全也称为网络安全。

1.信息和信息安全

信息的表示方式和承载方式是不断变化的，因此，信息安全的目标和内涵也是不断变化的。目前，提供服务的信息系统主要是网络环境下的信息系统，因此，信息安全目标与内涵都是基于保障网络环境下的信息系统的服务功能定义的。

（1）信息

信息的定义多种多样，信息技术中的信息通常采用以下定义：信息是对客观世界中各种事物的运动状态和变化的反映，是客观事物之间相互联系和相互作用的表征，表现的是客观事物运动状态和变化的本质内容。

信息之所以重要，是因为它小到可以反映一个项目、一次活动的本质内容，如项目和活动计划、项目和活动实施过程等；大到可以反映一个企业、一个国家的本质内容，如企业核心技术、企业财务状况、国家核心机密等。这些本质内容事关项目、活动的成败、企业和国家的兴衰存亡。

（2）数据

数据是记录信息的形式，可以用文字、数值、图形、图像、音频和视频等多种类型的数据表示信息。由于计算机统一用二进制数表示各种类型的数据，因此，计算机统一用二进制数表示信息。

（3）信号

信号（Signal）是数据的电气或电磁表现。信号可以是模拟的，也可以是数字的，模拟信号是指时间和幅度都是连续的信号。数字信号是指时间和幅度都是离散的信号。由于计算机统一用二进制数表示各种类型的数据，因此，在计算机网络中，信号其实是二进制位流的电气或电磁表现。

2.信息安全发展过程

（1）物体承载信息阶段

①信息表示形式

早期用于承载信息的是物体，如纸张、绢等，将表示信息的文字、数值、图形等记录在纸张、绢等物体上。完成信息传输过程需要将承载信息的物体从一个物理位置运输到另一个物理位置。

②存在威胁

物体承载信息阶段，对信息的威胁主要有以下两种：一是窃取承载信息的物体，二是损坏承载信息的物体。

③安全措施

这个阶段的安全措施主要有物理安全和加密两种。物理安全用于保证记录信息的物体在储存和运输过程中不被窃取和毁坏。

加密是使得信息不易读出和还原的操作过程。如果记录在物体上的信息是加密后的信息，即使获得记录信息的物体，也无法读出或还原加密前的信息，即原始信息。如斯巴达克人将羊皮螺旋形地缠在圆柱形棒上后再书写文字，书写文字后的羊皮即使落入敌方手中，如果不能将羊皮螺旋形地缠在相同直径的圆柱形棒上，也是无法正确读出原始文字内容的。

古罗马采用恺撒密码。恺撒密码将每一个字符用字符表中后退三个的字符代替，这种后退是循环的，字符Z后退一个的字符是A。这样原文GOOD MORNING，用恺撒密码加密后变为JRRG PRUQLKLJ，如果不知道恺撒密码的处理方法，即使得到文本JRRG PRUQLKLJ，也无法还原原文GOOD MORNING。

（2）有线通信和无线通信阶段

①信息传输过程

首先对表示信息的文字、数值等数据进行编码；其次将编码转换成信号，经过有线和无线信道将信号从一个物理位置传播到另一个物理位置，也可以经过有线和无线信道直接将音频和视频信号从一个物理位置传播到另一个物理位置。

②存在的威胁

有线通信和无线通信阶段，信息最终转换成信号后经过有线和无线信道传播，而信号传播过程中可能被侦听，因此，敌方可以侦听到经过有线和无线信道传播的信号，并通过侦听到的信号还原出信息。

③安全措施

为了防止敌方通过侦听信号获得信息，通信前，首先对表示信息的数据进行加密处理，再将加密后的数据转换成信号。这样，通过侦听信号获得的数据是加密处理后的数据。加密处理后的数据必须经过解密处理后，才能还原成表示信息的数据。解密处理是加密处理的逆处理。

表示信息的数据称为明文，加密处理后的数据称为密文，明文转换成密文的过程称为加密，加密涉及加密算法和加密密钥。将密文还原成明文的过程称为解密，解密涉及解密算法和解密密钥。通过密文得出解密算法和解密密钥的过程称为破译。破译难度取决于加密解密算法的复杂性和密钥的长度。为了提高破译的难度，需要增加加密解密算法的复杂性和密钥长度，但增加加密解密算法的复杂性和密钥长度势必增加加密和解密过程的运算量。

早期通过手工完成加密和解密数据的操作，由于信息传输的实时性要求，使得加密解密数据的运算过程不能太复杂，但用简单的加密算法和密钥生成的密文很容易被敌方破译。后期用机械完成加密解密操作，以此提高加密解密操作的复杂性。密码机由于采用复杂的加密解密算法和较大长度的密钥，极大地提高了破译密文的难度。

（3）计算机存储信息阶段

①信息表示形式

值、图形、图像、音频和视频等多种类型的数据表示信息，统一用二进制数表示这些不同类型的数据。

②存在威胁

计算机存储信息阶段，对信息的威胁主要有以下三种：一是窃取计算机或者窃取计算机中存储二进制数的介质；二是对计算机中存储的信息实现非法访问，非法访问是指一个没有授权读取和复制某类信息的人员非法从计算机中读取或复制了该类信息；三是病毒，病毒可以是一个完整的程序，或者是嵌入在某个程序中的一段代码，可以通过移动介质，如闪盘，实现计算机间传播。计算机一旦执行病毒程序，病毒将删除存储在计算机中的信息。

③安全措施

这个阶段的信息安全措施主要包括物理安全、访问控制和病毒防御。物理安全用于保证无关人员无法物理接触计算机和计算机中用于存储信息的介质。

访问控制使得每一个人只能从计算机中访问到授权他访问的信息。访问控制的核心是标识、授权和鉴别。标识是对每一个人分配唯一的标识符。授权是对每一个人设置访问权限，访问权限规定该人员允许访问的计算机中的信息类型和操作类型，操作类型包括读、写、执行等。鉴别是指判断每一个需要访问计算机中信息的人员身份的过程。对标识符是 X 的人员的访问控制过程如下：通过鉴别确定该人员是 X，如果 X 要求对计算机中的 Y 信息实施 Z 操作，当且仅当对 X 的授权允许 X 对计算机中的 Y 信息实施 $\geq$ 操作，计算机才能完成 X 要求的访问操作；否则，计算机拒绝 X 要求的访问操作并记录该次非法访问事件。

病毒防御可以发现作为病毒的完整程序和嵌入了病毒的程序，并隔离或者删除这些程序。

（4）网络阶段

网络由主机、转发节点和链路组成，主机主要用于完成信息的采集、处理和存储。链路和转发节点构成端到端的通信系统，用于实现两个主机之间的信息传输过程。显然，网络是计算机技术与通信技术的结合。

①信息表示形式和信息传输过程

网络中主机和转发节点的信息表示形式与计算机的信息表示形式相同，转发节点可以看作是专用计算机。网络中链路的信息表示形式与有线和无线信道的信息表示形式相同。网络环境下，信息可以存储在主机和转发节点中，也可以作为信号在链路上传播。

②存在威胁

由于网络中的主机和转发节点存储信息，因此，存在病毒、非法访问等威胁。由于信息转换成信号后需要在链路两端之间传播，因此，存在通过侦听信号窃取信息等威胁。

计算机与通信技术的结合扩大了威胁范围，如网络环境下的非法访问可以通过远程实现，某个人可以通过自己的主机和网络非法访问到远在千里之外的另一个主机中的信息。网络环境下的病毒可以通过网络相互传播。由于网络环境的虚拟性，各种非法接入网络的主机可以通过网络接收其他主机发送的信息。

随着网络应用的广泛和深入，各种导致网络丧失服务功能的拒绝服务攻击和伪造网络服务提供者的欺骗攻击也随之发生。

③安全措施

网络环境下的安全措施包括保障存储在计算机中信息安全的措施和保障传输过程中信息安全的措施。由于网络扩大了威胁范围，网络环境下的安全措施变得十分复杂。以后各章将详细讨论保障网络环境下信息安全的各种理论、协议和技术等。

需要强调的是，由于计算机是信息的源和目的端，计算机强大的运算能力可以采用复杂的加密解密算法和较大长度的密钥，网络的开放性又需要采用标准的加密解密算法，因此，网络环境下的加密解密算法需要满足以下两个条件：一是密文的安全性完全取决于密钥；二是加密解密算法可以保证，除了暴力破解，没有其他破译密文的方法。

（5）网络空间阶段

随着网络的广泛应用，网络已经与人们的日常生活和工作紧密地联系在一起。人们通过网络购物、通过网络社交、通过网络获取各种信息。同样地，网络也已经成为城市管理和控制、部队作战指挥的基础设施。

为了突出网络等同于陆、海、空、太空一样的疆域的含义，用网络空间表示作为人们工作和生活、城市管理和控制、军队作战指挥等基础设施的网络、网络信息和网络应用的集合。

①网络安全事关国家安危

由于人们的大量活动基于网络展开，网络已经成为人们获取信息的主要渠道，因此，网络中信息的正确性、完整性和及时性已经成为人们正常生活和工作的前提。

网络已经成为社会经济活动的基础，互联网金融已经与人们、企业的经济活动息息相关，网络信息的安全是人们和企业经济活动正常进行的前提。

网络已经成为城市管理和控制的基础设施，电网、水网和气网，城市交通都基于网络实施管理和控制，一旦黑客入侵电网、水网和气网，城市交通的管理控制网络，会导致城市发生无法预测的后果，因此，网络安全是城市正常运行的前提。

网络是军队信息化作战指挥系统的基础设施，作战要素通过网络实现互联互通，网络安全是军队作战指挥正常进行的前提。

②网络空间威胁

敌对组织通过在网络发布错误的信息，引导整个舆论朝错误的方向发展，以此引发群体事件，甚至是大规模的骚乱，达到破坏一个国家或者地区稳定的目的。

由于网络的重要性，网络基础设施已经成为敌方重要的打击目标，敌方会通过各种手段来瘫痪网络，终止网络的服务功能。这些手段包括通过发射强电强磁信号破坏电子设备，通过军事打击毁坏网络基础设施等。

由于人们的工作和生活、企业的经济活动、城市的正常运行、军队的作战指挥都与网络中的信息息息相关，导致网络中的信息事关企业和国家的安危。因此，窃取网络中的信息已经是敌对组织的主要网络攻击手段。

由于网络服务已经深入社会的方方面面，与人们的日常生活和工作紧密相连，终止某个方面或者某个地区的网络服务会严重影响人们的生活和工作、企业的正常经济活动。黑客用于终止某个方面或者某个地区的网络服务的拒绝服务攻击是网络空间面临的重大威胁。

③网络空间安全措施

目前，网络空间安全已经上升到国家安全战略，网络空间安全不仅涉及网络安全技术，还涉及舆情监控、侦察、情报、军事防御等。完整的网络空间安全措施已经超出本书的内容范围，本书仅介绍了保障网络环境下信息安全的各种理论、协议和技术等。

3.信息安全目标

网络环境下的信息安全目标包括信息的可用性、机密性、完整性、不可抵赖性、可控制性和真实性等。

（1）可用性

可用性是信息被授权实体访问并按需使用的特性。通俗地讲，就是做到有权使用信息的人任何时候都能使用已经被授权使用的信息，信息系统无论在何种情况下都要保障这种服务。而无权使用信息的人，任何时候都不能访问到没有被授权使用的信息。

（2）机密性

机密性是防止信息泄露给非授权个人或实体，只为授权用户使用的特性。通俗地讲，信息只能让有权看到的人看到，无权看到信息的人，无论在何时，用何种手段都无法看到。

（3）完整性

完整性是信息未经授权不能改变的特性。通俗地讲，信息在计算机存储和网络传输过程中，非授权用户无论何时，用何种手段都不能删除、篡改、伪造信息。

（4）不可抵赖性

不可抵赖性是信息交互过程中，所有参与者不能否认曾经完成的操作或承诺的特性，这种特性体现在以下两个方面：一是参与者开始参与信息交互时，必须对其真实性进行鉴别；二是信息交互过程中必须能够保留下使其无法否认曾经完成的操作或许下的承诺的证据。

（5）可控制性

可控制性是对信息的传播过程及内容具有控制能力的特性。通俗地讲，就是可以控制用户的信息流向，对信息内容进行审查，对出现的安全问题提供调查和追踪手段。

（6）真实性

也就是可靠性，指信息的可用度，包括信息的完整性、准确性和发送人的身份真实性等方面，它也是信息安全性的基本要素。

其中，可用性、机密性和完整性通常被认为是网络安全的三个基本属性。

（二）信息安全的重要性

1.社会信息化提升了信息的地位

在国民经济和社会各个领域，不断地推广和应用计算机、通信、网络等信息技术及其他相关智能技术，达到全面提高经济运行效率、劳动生产率、企业核心竞争力和人民生活质量的目的。信息化是工业社会向信息社会的动态发展过程。在这一过程中，信息产业在国民经济中所占比例上升，工业化与信息化的结合日益密切，信息资源成为重要的生产要素。

进入电子商务时代后，信息的价值得以充分体现。通过虚拟的因特网收集信息、提供服务，从而获取利益已经成为一种热门的工作岗位，产生的经济效益甚至比传统产业高数十倍。

2.社会对信息技术的依赖性增强

信息化已经成为当今世界经济和社会发展的趋势，这种趋势主要表现在以下方面：

①信息技术突飞猛进，成为新技术革命的"领头羊"。

②信息产业高速发展，成为经济发展的强大推动力。

③信息网络迅速崛起，成为社会和经济活动的重要依托。

网络应用已从简单地获取信息发展为进行学习、学术研究、休闲娱乐、情感需要、交友、获得各种免费资源（如免费邮箱、个人主页空间及各种免费资源下载等）、对外通信和联络（如收发邮件、短信息及传真等）、网上金融（如炒股、网上支付等）、网上购物、商务活动和追崇时尚等多元化应用。

3.虚拟的网络财富日益增长

因特网的普及，使得人们的很多行为都转向网络平台，如网络银行、网络炒股及网络电子商务等。阿里巴巴等电子商务网站的逆势飞速发展，甚至让人怀疑经济危机的存在，由此带来了财产概念的变化，个人财产除金钱、实物外，又增加了虚拟的网络财富，网络账号、各种游戏装备、游戏积分、游戏币等都是人们的财产体现，而这些虚拟财产都以信息的形式在网络中流通并使用，网络信息安全直接关系到这些财产的安全。当然，这种形式的财产保护也对我们现今的法律体系提出了新的要求。

二、威胁计算机信息安全的因素

在人们享受信息社会带来的巨大经济利益和便利时，计算机信息安全问题正面临着严峻的挑战。争夺信息资源，获取对方机密，篡改、破坏和销毁对方的重要数据，破坏对方的信息处理设备等，早已成为一场看不见硝烟的全球性战争。信息安全已是世界性的现实问题，信息安全与国家的政治稳定、军事安全、经济发展和民族兴衰息息相关，提高国家信息安全体系的保障能力已成为各国政府优先考虑的战略问题。

对于每个普通公民来说，信息安全问题同样严峻。当人们将重要的数据存储在硬盘中时，数据会因操作不当或计算机病毒等在顷刻之间化为乌有。人们存放在计算机中的个人隐私会被公布于众；网银账户、证券账户和期货账户的资金会不明原因地消失；计算机系统会在用户毫无察觉的情况下被破坏而无法运行，甚至成为攻击、破坏其他计算机的工具，沦为罪犯的帮凶。

影响计算机信息安全的因素很多，大致可分为如下四个方面：

（一）自然环境

自然环境的破坏包括火灾、水灾、雷电、地震等造成的信息丢失。为减少自然环境的破坏和影响，在建设计算机机房等基础设施时就要考虑到计算机机房地点的选择、计算机机房结构等因素。应该说，保障计算机设备的物理安全是相对比较容易的，只要把握好从选购设备到机房建设的每个环节，加强设备管理等就可以避免或减少因物理设备损坏而造成的影响。

（二）人为因素

人为因素分为以下两种情况：第一种是用户自己的原因导致网络安全事故，如用户不注重自己隐私，将自己账户与其他人共享；第二种是用户恶意破坏，如对网络硬件设备的破坏，以及利用黑客技术对网络系统的破坏。

1.用户使用带来的威胁

用户是系统和网络的最终使用者。由于用户的操作不当给攻击者提供了入侵的机会，主要体现在以下三个方面：

（1）密码简单

用户的口令往往采用缺省密码、设置为简单容易记忆的字符串，这样入侵者很容易在获取账号的同时，猜出或试出密码进行非法活动。

（2）软件使用错误

用户在使用过程中存在错误，会给系统的安全带来威胁，如端口打开过多、缺省脚本的危险、软件运行权限不当。

（3）系统备份不完整

用户虽然完成了系统的备份，但并不检测备份是否有效、备份的数据是否被攻击者破坏。

2.用户恶意破坏

用户恶意破坏可以有选择地破坏信息的安全属性，如通过截取、破译等方式破坏信息的保密性，通过截取、篡改、重放来破坏信息的完整性，通过假冒他人破坏信息的认证性等。随着黑客技术逐渐被越来越多的人掌握、利用，甚至有些黑客站点在介绍一些攻击方法和攻击软件的使用，公布系统的一些漏洞，使得系统、站点遭受攻击的可能性变大，加之现在还缺乏针对网络犯罪卓有成效的反击和跟踪手段，黑客攻击的隐蔽性深，导致攻击的破坏力极强。

（三）软件设计缺陷

要确保计算机系统和信息安全是相当困难的，其根本原因是计算机软件的可修改性，以及人们在设计程序时无法尽善尽美。在人们大谈计算机软件的可修改性给编程带来巨大便利，能创造出各种软件时，软件的脆弱性也暴露无遗。人们也可以利用计算机软件的可修改性方便地修改程序，以达到破坏其他程序和信息或非法占有信息等目的。

1.通信协议固有缺陷

网络协议的原旨是实现终端间的通信过程，因此，网络协议中的安全机制是先天不足的，这就为利用网络协议的安全缺陷实施攻击提供了渠道。如SYN泛洪攻击、源IP地址欺骗攻击、地址解析协议（Address Resolution Protocol，ARP）欺骗攻击等。

2.硬件、系统软件和应用软件固有缺陷

目前的硬件和软件实现技术不能保证硬件和软件系统是完美无缺的，硬件和软件系统存在缺陷，因此，引发大量利用硬件、系统软件和应用软件的缺陷实施的攻击。如Windows操作系统会不时发现漏洞，从而引发大量利用已经发现的Windows操作系统漏洞实施的攻击。因此，微软需要及时发布用于修补漏洞的补丁软件，用户也必须及时通过下载补丁软件来修补已经发现的漏洞。

3.不当使用和管理不善

安全意识淡薄，安全措施没有落实到位也是引发安全问题的因素之一，以下行为都存在安全隐患：

①如用姓名、生日、常见数字串（如12345678）、常用单词（如security、admin）等作为口令。

②网络硬件设施管理不严，黑客可以轻而易举地接近交换机等网络接入设备。

③杀毒软件不及时更新。

④不及时下载补丁软件来修补已经发现的系统软件和应用软件的漏洞。

⑤下载并运行来历不明的软件。

⑥访问没有经过安全认证的网站。

（四）网络面临的主要威胁

要解决网络安全问题，首先要了解威胁网络安全的要素，然后才能采取必要的应对措施。网络安全的主要威胁来自以下五个方面：

1.网络攻击

网络攻击就是攻击者恶意地向被攻击对象发送数据包，导致被攻击对象不能正常地提供服务的行为。网络攻击分为服务攻击与非服务攻击。

服务攻击就是直接攻击网络服务器，造成服务器"拒绝"提供服务，使正常的访问者不能访问该服务器。

非服务攻击则是攻击网络通信设备，如路由器、交换机等，使其工作严重阻塞或瘫痪，导致一个局域网或几个子网不能正常工作。

2.网络安全漏洞

网络是由计算机硬件和软件及通信设备、通信协议等组成的，各种硬件和软件都不同程度地存在漏洞，这些漏洞可能是由于设计时的疏忽导致的，也可能是设计者出于某种目的而预留的。例如TCP/IP协议在开发时主要考虑的是开放和共享，在安全方面考虑得很少。网络攻击者就会研究这些漏洞，并通过这些漏洞对网络实施攻击。这就要求网络管理者必须主动了解这些网络中硬件和软件的漏洞，并主动采取措施，打好"补丁"。

3.信息泄露

网络中的信息安全问题包括信息存储安全与信息传输安全。

信息存储安全问题是指静态存储在联网计算机中的信息可能会被未授权的网络用户非法使用。信息传输安全问题是指信息在网络传输的过程中可能被泄露、伪造、丢失和篡改。

保证信息安全的主要技术是数据加密、解密技术，将数据进行加密存储或加密传输，这样即使非法用户获取了信息，也不能读懂信息的内容，只有掌握密钥的合法用户才能将数据解密以利用信息。

4.网络病毒

网络病毒是指通过网络传播的病毒，网络病毒的危害是十分严重的，其传播速度非常快，而且一旦染毒清除困难。

网络防毒一方面要使用各种防毒技术，如安装防病毒软件，加装防火墙；另一方面也要加强对用户的管理。

5.来自网络内部的安全问题

来自网络内部的安全问题主要指网络内部用户有意无意做出危害网络安全的行为，如泄露管理员口令，违反安全规定，绕过防火墙与外部网络连接，越权查看、修改、删除系统文件和数据等危害网络安全的行为。

解决这一问题的方法应从两个方面入手，一方面要在技术上采取措施，如专机专用，对重要的资源加密存储、身份认证、设置访问权限等；另一方面要完善网络管理制度。

三、计算机信息安全技术体系

信息系统安全的总需求是物理安全、网络安全、信息内容安全和应用系统安全的总和，安全的最终目标是确保信息的机密性、完整性、可用性、可控性和抗抵赖性，以及信息系统主体（包括用户、团体、社会和国家）对信息资源的控制。完整的信息系统安全体系框架由技术体系、组织机构体系和管理体系共同构建。

（一）物理层安全技术

该层次的安全包括通信线路的安全、物理设备的安全和机房的安全等。物理层的安全主要体现在通信线路的可靠性（线路备份、网管软件和传输介质）、软硬件设备安全性（替换设备、拆卸设备和增加设备）、设备的备份、防灾害能力、防干扰能力、设备的运行环境（温度、湿度和烟尘）、不间断电源保障等。

（二）系统层安全技术

该层次的安全问题来自网络内使用的操作系统和数据库系统的安全，如Windows Server、Linux、SQL Server和Oracle等，主要表现在三个方面：一是系统本身的缺陷带来的不安全因素，主要包括身份认证、访问控制和系统漏洞等；二是系统的安全配置问题；三是病毒对系统的威胁。

（三）网络层安全技术

该层次的安全问题主要体现在网络方面的安全性，包括网络层身份认证、网络资源的访问控制、数据传输的保密与完整性、远程接入的安全、域名系统的安全、路由系统的安全、入侵检测的手段和网络设施防病毒等。

（四）应用层安全技术

该层次的安全问题主要由提供服务所采用的应用软件和数据的安全性产生，包括Web服务、电子邮件系统和DNS等。此外，还包括病毒对系统的威胁。

（五）管理层安全技术

安全管理包括安全技术和设备的管理、安全管理制度及部门与人员的组织规则等。管理的制度化在很大程度上影响着整个网络的安全，严格的安全管理制度、明确的部门安全职责划分及合理的人员角色配置都可以在很大程度上降低其他层次的安全漏洞。

第二节　计算机信息安全技术

一、防火墙技术

（一）防火墙概述

1.防火墙的概念

互联网带来的好处是，你可以和世界上的任何一个人进行通信；互联网带来的隐患是，世界上的任何一个人也可以和你通信。连接在Internet上的黑客终端既可以与另一个连接在Internet上的用户终端完成数据交换过程，也可以与连接在Internet上的内部网络完成数据交换过程。

黑客终端可以通过数据交换过程对用户终端和内部网络实施攻击，因此，安全的网络系统既要能够保障正常的数据交换过程，又要能够阻止用于实施攻击的数据交换过程。阻止用于实施攻击的数据交换过程需要做到以下两点：一是能够在网络间传输，或者用户终端输入输出的信息流中检测出用于实施攻击的信息流；二是能够丢弃检测出的用于实施攻击的信息流。这就需要在用户终端输入输出的信息流必须经过的位置，或者内部网络与Internet之间传输的信息流必须经过的位置放置一个装置，这个装置具有以下功能：一是能够检测出用于实施攻击的信息流，并阻断这样的信息流；二是能够允许正常信息流通过。这样的装置称为防火墙。

安全、配置、速度是防火墙的三大要素。安全是防火墙需要提供的最基本功能，如果防火墙不能为用户提供安全保障，防火墙就失去存在的价值；为提高防火墙的安全性，需要针对不同的网络环境对防火墙进行安全配置，而配置防火墙的方法应该简单、易学、易懂，否则也会影响用户使用防火墙的兴趣和效果；如果让防火墙变得"绝对安全"，可能又会影响用户使用网络的速度，让用户失去使用防火墙的兴趣，所以在安全和速度之间应该寻找一个平衡点。

2.防火墙的功能

防火墙是由网络管理员为保护自己的网络免遭外界非授权访问且允许与外部网络连接而建立的，防火墙的主要功能如下。

（1）控制不安全的服务

使用防火墙后只有授权的协议和服务才能通过网络，这样可以控制一些不安全的服务，从而使内部网络免于遭受来自外界的基于某协议或某服务的攻击，提高网络的安全性。

（2）方向控制

防火墙通过制定相应的安全策略，不仅可以将允许网络之间相互交换的信息流限制为和特定服务相关的信息流，而且可以限制该特定服务的发起端，即只允许网络之间相互交换与由属于某个特定网络的终端发起的特定服务相关的信息流。

（3）集中安全性管理

通过以防火墙为中心的安全配置方案，将所有口令、加密、身份认证、审计等安全软件配置在防火墙上。与将网络安全问题分散到各台主机相比，防火墙的集中安全管理更经济、更方便。

（4）对网络存取和访问进行监控审计

防火墙能够对访问情况进行日志记录，提供网络使用情况的统计数据；可以收集网络的使用和误用情况，对网络进行入侵检测，以判断攻击者的探测和入侵行为。防火墙还能够实现网络计费功能。

（5）检测扫描计算机的企图

防火墙可以检测端口扫描，当计算机被扫描时发出警告，可以通过禁止连接来阻止攻击，也可以跟踪和报告进行扫描攻击的计算机的IP地址。

（6）防范特洛伊木马

特洛伊木马会企图在计算机上打开TCP/IP端口，然后连接到外部计算机与黑客进行通信。用户可以制定一个合法通过防火墙的应用程序列表，任何不在列表中的应用程序试图与外界进行通信时都会被拒绝，同时防火墙会显示应用程序的名称并产生一个警告。如果能肯定该应用程序是特洛伊木马，就可以直接删除这个应用程序。

（7）防病毒功能

大多数防火墙还支持防病毒功能，能够扫描电子邮件附件、FTP下载或上传的文件内容，从HTTP页面剥离Java Applet、ActiveX等小程序，从脚本代码中检测出危险代码或病毒，并向用户报警。

（8）提供网络地址翻译功能

网络地址翻译（Network Address Translation，NAT）可以把一个IP地址自动翻译为网络中的另外一个地址，而这个新地址才是其他网络能够识别和接受的。把内部IP地址隐藏起来可以增加网络流量分析和拒绝服务攻击的难度，有助于资格审查或者身份验证，加强了网络安全防护。

3.防火墙的局限性

防火墙并不是万能的，不能认为有了防火墙就高枕无忧。防火墙不能够解决所有的网络安全问题，它只是网络安全策略中的一个组成部分，防火墙有它自身的局限性及本身的一些缺点。

（1）防火墙主要是保护网络系统的可用性，不能保护数据的安全，缺乏一整套身份认证和授权管理系统。防火墙对用户的安全控制主要是识别和控制IP地址，不能识别用户的身份，并且它只能保护网络的服务，却不能控制数据的存取。

（2）防火墙不能防范不经过它本身的攻击。防火墙最主要的特点是防外不防内，它无法防范来自防火墙以外的通过其他途径刻意进行的人为攻击，对于内部用户的攻击或者用户的操作及病毒的破坏都会使防火墙的安全防范功亏一篑。统计数据显示，网络上有70%以上的安全事件攻击来自网络的内部，所以防火墙很难解决内部网络人员的安全问题。

（3）防火墙只是实现粗粒度的访问控制，不能防备全部的威胁。防火墙只是实现粗粒度、泛泛的访问控制，不能与内部网络的其他访问控制集成使用，这样人们必须为内部的数据库单独提供身份验证和访问控制管理，并且防火墙只能防范已知的威胁，它不能自动防御所有新的威胁。

（4）防火墙难以管理和配置。防火墙的管理和配置是相当复杂的，要想很好地根据自己网络安全的实际情况进行配置，就要求网络管理员必须对网络安全有相当深入的了解及精湛的网络技术。如果对防火墙的配置不当或者配置错误，就会对网络安全造成更加严重的漏洞，给攻击者带来可乘之机。

（二）防火墙系统结构

防火墙的体系结构也有很多种，在设计过程中应该根据实际情况进行考虑。下面介绍几种主要的防火墙体系结构。

1.单宿堡垒主机

堡垒主机是由防火墙的管理人员所指定的某个系统，它是网络安全的一个关键点。在防火墙体系中，堡垒主机有一个到公用网络的直接连接，是一个公开可访问的设备，也是网络上最容易遭受入侵的设备。堡垒主机必须检查所有出入的流量，并强制实施安全策略定义的规则。内部网络的主机通过堡垒主机访问外部网络，内部网也需要通过堡垒主机向外部网络提供服务。堡垒主机通常作为应用层网关和电路层网关的服务平台。单宿堡垒主机指只有一个网络接口的设备，以应用层网关的方式运作。

在单宿堡垒主机结构中，防火墙包含两个系统：一个包过滤路由器和一台堡垒主机。所有外部连接只能到达堡垒主机，所有内部网的主机也把所有出站包发往堡垒主机。堡垒主机执行验证和代理的功能。这种配置比单一包过滤路由器或者单一的应用层网关更安全。

这种配置较为灵活，可以提供直接的Internet访问。一个例子是，内部网络可能有一个如Web服务器之类的公共信息服务器，在这个服务器上，高级的安全不是必需的，这样，就可以将路由器配置为允许信息服务器与Internet之间的直接通信。

2.双宿堡垒主机

在单宿堡垒主机体系中，如果包过滤路由器被攻破，那么通信就可以越过路由器在Internet和内部网络的其他主机之间直接进行，屏蔽主机防火墙双堡垒主机结构在物理上防止了这种安全漏洞的产生。双宿堡垒主机具有至少两个网络接口，外部网络和内部网络都能与堡垒主机通信，但是外部网络和内部网络之间不能直接通信，它们之间的通信必须经过双宿堡垒主机的过滤和控制。

3.屏蔽子网防火墙

屏蔽子网防火墙使用了两个包过滤路由器，靠近内部网的路由器称为内部路由器，它的作用主要是保护内部的网络，它允许从内部网到外部网有选择的出站服务；靠近外部网的路由器称为外部路由器，它的作用主要是保护周边网和内部网免受来自外部网的侵犯，外部路由器一般由外部群组提供（如 Internet 供应商），可以放入一些通用数据包过滤规则来维护路由器。外部路由器能有效执行的安全任务之一是阻止从外部网上伪造源地址进入的任何数据包。

每一个路由器都被配置为只和堡垒主机交换流量。外部路由器使用标准过滤来限制对堡垒主机的外部访问，内部路由器则拒绝不是堡垒主机发起的进入数据包，并只把外出数据包发给堡垒主机。这种配置创造出一个独立的子网，子网可能只包括堡垒主机，也可能还包括一些公众可访问的设备和服务，比如一台或者更多的信息服务器及为了满足拨号功能而配置的调制解调器。这个独立子网充当了内部网络和外部网络之间的缓冲区，形成一个隔离带，即所谓的非军事区（Demilitarized Zone，DMZ）。

屏蔽子网防火墙是目前最安全的防火墙之一，它支持网络层和应用层安全功能，主要用于企业的大型或中型网络。

（三）防火墙的相关技术

1. 包过滤技术

包过滤技术基于 IP 地址来监视并过滤网络中流入和流出的 IP 包，它只允许与指定的 IP 地址通信。它的作用是在可信任网络和不可信任网络之间有选择地安排数据包的去向，根据网站的安全策略接纳或者拒绝数据包。

数据包过滤器独立于任何应用软件，它在 OSI 模型的网络层中对每一个数据包进行检查。人们常把数据包过滤器功能放在路由器中实现。具有包过滤功能的路由器称为筛选路由器或屏蔽路由器。筛选路由器工作在网络层上，所以可以在不改动应用程序的前提下控制网络通信。

（1）过滤规则

过滤规则基于提供给 IP 转发过程的包头信息。包过滤算法的设计是包过滤防火墙的关键问题。路由器只是简单地查看 TCP/IP 报头，检查特定的几个域，不做详细分析、记录。由于包过滤防火墙作用于网络层，因此它只能根据所收到的每个数据包的源地址、目的地址、TCP/UDP 源端口号、TCP/UDP 目的端口号及数据包头中的各种标志位（称为过滤数据）来进行过滤操作。

（2）包过滤防火墙的原理

在网络层实现数据的转发，包过滤模块一般检查网络层、传输层内容，包括下面四项。

①源、目的 IP 地址。

②源、目的端口号。

③协议类型。

④TCP 数据报的标志位。

通过检查模块，防火墙拦截和检查所有进站和出站的数据。

2.代理服务技术

对于用户来说，代理服务器给用户的假象是直接使用真正的服务器；对于真正的服务器来说，代理服务器给真正的服务器的假象是在代理主机上直接面对用户。代理服务器的行为就像是一个网关，作用于网络的应用层，因此，人们也经常把代理服务器称为"应用级网关"。

代理防火墙能够有效地把发起连接的源地址掩藏起来，让别人看不到用户的网络。黑客在攻击一个服务器时也常常会利用代理把自己的 IP 地址掩藏起来。代理服务防火墙常常是针对某种应用服务而编写的。根据处理协议功能的不同，代理服务器可分为 FTP 网关型防火墙、Telnet 网关型防火墙、WWW 网关型防火墙等。

（1）代理防火墙工作原理

如果某单位允许访问外部网络的所有 Web 服务器，但是不允许访问 www.sina.com 站点，使用包过滤防火墙阻止目标 IP 地址是 sina 服务器的数据包。但是，如果 www.sina.com 站点某些服务器的 IP 地址改变了，该怎么办呢？

包过滤技术无法提供完善的数据保护措施，无法解决上述问题，而且一些特殊的报文攻击仅仅使用包过滤的方法并不能消除危害，因此需要一种更全面的防火墙保护技术，在这样的需求背景下，采用"应用代理"技术的防火墙诞生了。

代理服务器作为一个为用户保密或者突破访问限制的数据转发通道，在网络上应用广泛。一个完整的代理设备包含一个服务器端和客户端，服务器端接收来自用户的请求，调用自身的客户端模拟一个基于用户请求的连接到目标服务器，再把目标服务器返回的数据转发给用户，完成一次代理工作过程。

如果在一台代理设备的服务器端和客户端之间连接一个过滤措施，就成了"应用代理"防火墙。这种防火墙也经常把代理防火墙称为代理服务器、应用网关，工作在应用层，适用于某些特定的服务，如 HTTP、FTP 等。

（2）Socks代理

代理型防火墙工作在应用层，针对不同的应用协议，需要建立不同的服务代理。如果有一个通用的代理，可以适用于多个协议，那就方便多了，这即是Socks代理。

Socks代理与一般的应用层代理服务器是完全不同的。Socks代理工作在应用层和传输层之间，旨在提供一种广义的代理服务，不关心是何种应用协议（如FTP、HTTP和SMTP请求），也不要求应用程序遵循特定的操作系统平台，不管再出现什么新的应用都能提供代理服务。因此，Socks代理比其他应用层代理要快得多。Socks代理通常绑定在代理服务器的1080端口上。

Socks代理的工作过程是：当受保护网络客户机需要与外部网络交互信息时，首先和Socks防火墙上的Socks服务器建立一个Socks通道，在建立Socks通道的过程中可能有一个用户认证的过程，然后将请求通过这个通道发送给Socks服务器。Socks服务器在收到客户请求后，检查客户的User ID、IP源地址和IP目的地址。经过确认后，Socks服务器才向客户请求的Internet主机发出请求。得到相应的数据后，Socks服务器再通过原先建立的Socks通道将数据返回给客户。受保护网络用户访问外部网络所使用的IP地址都是Socks防火墙的IP地址。

3.电路层网关技术

电路层网关的运行方式与代理服务器相似，其本质上还是属于代理服务技术。它把数据包提交给应用层过滤，并只依赖于TCP连接。它遵循Socks协议，即电路层网关的标准。它在网络的传输层实施访问策略，在内部网和外部网之间建立一个虚拟电路进行通信。它对应用层不做任何改变，但需要改变客户端程序。

Socks主要由运行在防火墙系统上的代理服务器软件和连接到各种网络的应用程序的库函数组成。这样的结构有利于用户根据自己的需要定制代理软件，增添新的服务。

4.状态检测技术

包过滤防火墙无法阻止某些精心构造了标志位的攻击数据包，而采用状态监测技术，可以避免这样的问题。状态检测技术是包过滤技术的延伸，经常被称为"动态数据包过滤"。

状态检测技术不需要把客户机/服务器模型一分为二。状态检测技术在网络层截获数据包，然后由防火墙从各个应用层提取出安全决策所需要的状态信息，并把这些信息保存到动态状态表中。状态检测技术不会去检查整个数据包，所以有些精心伪装的数据包能够骗过状态检测去攻击防火墙后面的服务器。数据包的数据部分中可能包含一些精心安排的信息或命令。

状态检测防火墙仍然在网络层实现数据的转发，过滤模块仍然检查网络层、传输层内容，为了克服包过滤模式明显的安全性不足的问题，不再只是分别对每个进出的包孤立地进行检查，而是从TCP连接的建立到终止都跟踪检测，把一个会话作为整体来检查，并且根据需要，可动态地增加或减少过滤规则。"会话过滤"（Session Filtering）功能是在每个连接建立时，防火墙为这个连接构造一个会话状态，里面包含了这个连接数据包的所有信息，以后连接都是基于这个状态信息进行的。

状态检测防火墙虽然继承了包过滤防火墙的优点，克服了它的缺点，但它也只是检测数据包的第三、第四层信息，无法彻底地识别数据包中大量的垃圾邮件、广告及木马程序等。

二、入侵检测技术

防火墙就像一道门，它可以阻止非授权用户进入内部网络，但无法阻止内部的破坏分子；访问控制系统可以阻止低级权限用户越权访问，但无法保证高级权限的用户做破坏工作，也无法保证低级权限的人通过非法行为获得高级权限；漏洞扫描系统可以发现系统存在的漏洞，但无法对系统进行实时扫描。为了解决上述安全技术的局限性，出现了入侵检测技术——通过数据和行为模式判断安全系统是否有效。

入侵检测系统（IDS）目前已成为常见的网络安全产品，得到非常广泛的应用，随着产品内涵的扩展，又被称为入侵防御系统（IPS）。

（一）入侵检测系统概述

入侵检测，顾名思义，是对入侵行为的检测。它通过收集和分析计算机网络或计算机系统中若干关键点的信息，检查网络或系统中是否存在违反安全策略的行为和被攻击的迹象，实现这一功能的软件与硬件组合即构成入侵检测系统（IDS）。

入侵检测系统分为主机型和网络型两种，主机型IDS是安装在服务器或PC机上的软件，监测到达主机的网络信息流；网络型IDS一般配置在网络入口处（路由器）或网络核心交换处（核心交换路由），通过旁路技术监测网络上的信息流。

（二）IDS类型与部署

1.网络IDS

网络IDS是网络上的一个监听设备（或一个专用主机），通过监听网络上传递的所有报文，按照协议对报文进行分析，并报告网络中可能存在的入侵或非法使用者信息。

形象地说，网络IDS是网络智能摄像机，能够捕获并记录网络上的所有数据，分析网络数据并提炼出可疑的、异常的网络数据；它还是X光摄像机，能够穿透一些巧妙的伪装，抓住实际的内容。同时，网络IDS能够对入侵行为自动地进行反击，如阻断连接、关闭通道（与防火墙联动）等。

网络IDS通常通过旁路技术实时采集网络通信流量，例如采用总线式的集线器将监听线路与网络IDS直接相连；对于交换式以太网，则需要特殊处理。一般交换机的核心芯片上有一个用于调试的端口（span port），任何其他端口的进出数据都可以通过此端口获得，如果交换机厂商开放此端口，用户可将IDS系统接到此端口上。此外，就是采用分接器，在所要监测的线路上安装分接器，并联IDS。

网络IDS系统可以承担两大职责：一是实时监测，即实时地监视、分析网络中所有的数据报文，发现并实时处理非法入侵行为；二是安全审计，即对记录的网络事件进行统计分析，发现其中的异常现象，得出系统的安全状态，查找安全事件所需要的证据。

2.主机IDS

主机型入侵检测系统往往以主机系统日志、应用程序日志等作为数据源，当然也可以包括其他资源（如网络、文件、进程），从所在的主机上收集信息并进行分析，通过查询、监听当前系统的各种资源的使用、运行状态，发现系统资源中被非法使用或修改的事件，并进行上报和处理。

主机IDS由于运行于主机之上，可以是面向不同操作系统的系统级IDS，如微软 Windows 系统的 IDS、Unix 系统的 IDS 等；也可以是面向应用的应用级 IDS，如 Oracle 数据库 IDS、Web IDS 等。由于主机 IDS 运行于被保护的主机之上，会占用系统的资源。

（三）IDS 工作原理

无论是分布式网络 IDS 还是单机上的主机 IDS，从工作原理上可以包含两大部分——引擎和控制中心，前者用于读取原始数据和产生事件，后者用于显示和分析事件及策略定制，IDS 引擎通过读取、分析原始数据，比对事件规则库对异常数据产生事件。根据定义的安全策略规则库匹配响应策略，按照策略处理相应事件，并与控制中心及联动设备（如防火墙）进行通信。

IDS 控制中心与引擎之间进行通信，可以读取引擎事件，并存入控制中心事件数据库中，并可以把接收到的事件以各种形式实时显示在屏幕上，便于用户浏览；通过控制中心可以修改事件规则库和响应策略规则库并下发给引擎部件；此外，控制中心具有日志分析功能，通过读取事件数据库中的事件数据，按照用户的要求生成各种图形和表格，便于用户事后对过去一段时间内的工作状态进行分析、浏览。

为了实现全网安全的统一管理，分布式 IDS 部署具有明显优势。分布式结构 IDS 引擎和控制中心部署在不同系统之上，而且可以是多级的，即顶级控制中心可以控制其他子控制中心，每个子控制中心可以控制多个引擎，通过网络通信实现分级管理和控制。

三、应急响应技术

网络和信息系统设施可能由于各种因素遭到破坏，因此需要在这种破坏到来的前后采取相应的预防、应对措施，这些被统称为应急响应。网络和信息系统设施遭到破坏的原因主要包括网络攻击、信息系统自身出现故障及非抗力因素，后者指出现自然灾害或战争破坏等。

信息安全应急响应并不是在网络或信息系统设施已经遭受破坏后才开始的，一般分为前期响应、中期响应和后期响应三个阶段，它们跨越紧急安全事件发生和应急响应的前后。

（一）前期响应

为尽快恢复遭破坏系统的正常运行，需要提前准备并尽快启动准备的方案，这主要包括制订应急响应预案和计划、准备资源、系统和数据备份、保障业务的连续性等，它们构成了前期响应。预案是指在灾害发生前制订的应对计划，而应急响应计划一般指在发生灾害后，针对实际破坏情况根据预案制订的具体应对计划。应急响应需要准备或筹备的资源包括经费、人力资源和软硬件工具资源，其中，硬件工具包括数据存储和备份设备、业务备用设备、施工和调试设备等，软件资源包括数据备份、日志分析、系统检测和修复工具等。信息系统应该定时备份数据，在安全灾害发生后，尽快备份未损坏的数据甚至整个系统，以免遭受进一步的损失，也降低修复系统的风险。另外，这样也可以保留灾害的现场记录和痕迹。业务连续性保障是指能尽快恢复对外服务，主要的方法是启用准备好的备用设备和数据，或者临时用替代系统保持业务连续。

（二）中期响应

前期响应一般已经使系统恢复了基本的正常运行，但是，信息安全灾害的发生原因和引起的损害程度尚未完全摸清，中期响应的任务就是准确地查明信息系统遭受了何种程度的损害并摸清灾害发生的原因，认定灾害发生的责任，为制定下一步的安全策略和采取下一步的应对措施打下基础。中期响应的工作主要包括事件分析与处理、对事件的追踪、取证等。

（三）后期响应

后期响应的目的是确定新的安全策略并得到新的安全配置，它主要包括提高系统的安全性、进行安全评估、制定并执行新的安全策略等。其中，安全评估是针对新提高的安全性进行评估，确认安全性的有效性和程度等性质，它和提高系统的安全性可以反复进行。最后，通过综合各方面的因素，系统的安全管理者需要制定并实施新的安全策略。

信息安全事件应急响应是一件复杂、技术含量高的工作，在安全事件发生时，需要快速响应，因此，为了确保安全事件应急响应过程的快速、准确、高效开展，各单位和机构往往要预先做好各类准备工作，准备工作主要包括以下三个方面：

一是应急预案的编撰。主要是就特定信息安全事件起草一系列应急处置流程，该流程不仅包括技术方面的处置方案，如事件发生时要首先检查和修改哪些关键配置、做好哪些数据备份等；也包括响应的管理和工作流程，包括工作流程、责任人、主要的工作文档等。

二是应急资源的建设。主要是就信息安全事件应急处置过程中所需的工具、系统、数据等各类技术资源，建立一系列的资源库，以备在发生信息安全事件时能够快速、准确地获取相应的支撑工具，可快速地开展工作。

三是日常工作的准备。在日常工作中要时常就可能发生的安全事件做好一系列的准备，如定期的数据备份、定期/不定期的应急演练等。各单位往往会定期或不定期地针对特定问题开展一系列的应急演练工作，以检验应急计划、应急工具和应急组织等各个方面的能力和水平。

四、网络取证技术

（一）网络取证概述

网络取证首先要进行网络包的捕获，tcpdump是最流行的包捕获工具，Unix和Windows用户都可以使用。如果想收集网络上感兴趣的活动信息，使用tcpdump很有效，但tcpdump没有有效的磁盘管理功能，稍不注意，很容易占用所有的磁盘空间，造成系统崩溃。

在被捕获的网络流中，网络包按它们在网络上传输的顺序显示，一个网络取证工具应当将这些包组织为两台机器之间的传输层连接，这称为重组。在连接组装的过程中，将显示很多取证的细节，如将发现丢失或重传的数据、传输层协议错误等，这就提供了有价值的安全和调试信息。

随着计算机分布式技术的发展，犯罪者可在同一时间段内对目标系统做分布式的攻击，如分布式DoS攻击，这就要求取证系统能够对电子数据进行智能化的相关性分析。相关性分析是发现分布式攻击的有效手段，经过相关性分析，就可以跟踪入侵者的入侵过程，获得其犯罪证据。

（二）网络取证模型

网络攻击正在成为计算机犯罪的重要方面，因而网络取证也成为计算机中的重要领域。无论攻击者的技术水平如何，网络攻击通常遵循同一种行为模式，一般都要经过嗅探、入侵、破坏和掩盖入侵证据等几个攻击阶段。

根据网络攻击的一般过程，其周期从取证行为开始，即允许在犯罪发生前开始收集证据，大量的事后取证行为则由对已收集证据的分析组成。这种模型的实现往往需要将计算机取证工具和IDS、蜜罐等网络安全工具结合起来。

数字取证技术已逐渐走向自动化、智能化，政府与各专业机构均投入巨大人力、物力开发数字取证专用工具。

（三）IDS取证技术

应用IDS取证的具体步骤如下。

①寻找嗅探器（如sniffer）。

②寻找远程控制程序（如netbus、back orifice）。

③寻找黑客可利用的文件共享或通信程序（如eggdrop、irc）。

④寻找特权程序（如find/-perm-4000-print）。

⑤寻找文件系统的变动（使用tripwire或备份）。

⑥寻找未授权的服务（如netstat-a、check inetd.conf）。

⑦寻找口令文件的变动和新用户。

⑧核对系统和网络配置，特别注意过滤规则。

⑨寻找异常文件，这将依赖于系统磁盘容量的大小。

⑩查看所有主机，特别是服务器。

⑪观察攻击者，捕获攻击者，找出证据。如使用tcpdump/who/syslog来查看攻击者从哪里来，如果finger运行在攻击者的系统上，可以得到攻击次数和用户空闲时间。

⑫如果捕获成功则准备起诉，如立刻联系律师等。

⑬做完全的系统备份，将系统备份转移到单用户模式下，在单用户模式下制作和验证备份。需要注意的是，取证过程中网络通信已经处于不安全状态，因此不要发邮件通知被攻击的系统管理员他已经被攻击了，因为攻击者可能会观察该管理员的邮箱。另外，最好通知计算机取证方面的专家，因为他们了解不同类型攻击者及其技术水平，并能有效地分析出其动机。

五、数据库安全技术

（一）数据库安全管理系统

早在20世纪70年代，国际上数据库技术与计算机安全研究刚刚起步时，数据库安全问题就引发了研究者的关注，相关研究几乎同步启动。当时的研究重点集中于设计安全的数据库管理系统，又称为多级安全数据库管理系统（MLS-DBMS，Multi-Level Secure DBMS）。

围绕多级安全数据库管理系统的设计，形成了安全数据库的理论与技术基础。除了数据库认证、访问控制、审计等基本安全功能外，关键技术集中在数据库形式化安全模型、数据库隐通道分析、多级安全数据库事务模型、数据库加密等方面。

1.数据库形式化安全模型

MLS-DBMS形式化安全模型的核心内容是多级数据模型，包括多级关系、多级关系完整性约束与多级关系操作等。在传统关系模型中，关系模式用于描述关系的结构，记录构成关系的属性集；而在MLS-DBMS中，依据强制访问控制策略要求，各种数据库对象被赋予了安全标记属性，关系模式也由此变为多级关系模式。相应地，针对关系的完整性约束也扩展为多级关系完整性约束，典型的约束有多级实体完整性约束、空值完整性约束、实例间完整性约束、多实例完整性及多级外键完整性约束等。此外，多级关系上的INSERT、DELETE、UPDATE等操作语义也发生了很大的变化，变为多级操作。而由于多级关系实际上被存储为多个物理对象，所以通常多级关系数据模型中还包括多级关系的分解与恢复算法。

早期的数据库安全模型是以形式语言（数学语言）描述的，客体的表示过于抽象，没有形式化规约语言支持，更没有工具的支持。但在现在的系统模型建模过程中，安全模型的抽象层次降低，逐渐向顶层规约（TLS）靠拢，更加接近实际系统。例如客体包括DBMS的基本组成元素如关系、视图、存储过程、数据字典等。操作也不仅是INSERT、DELETE等简单的几种，而是覆盖系统的SQL命令集或函数接口集，这种规模的模型建模及分析没有工具的支持是不可能实现的。当前常用的安全数据库模型形式化规约语言包括Z语言、PVS、Isabella等。

2.数据库隐通道分析

隐通道是用户之间违反系统安全策略的信息传递机制，通常并非系统设计者有意而为。多级数据库管理系统中存在的隐通道将导致违反多级安全策略的信息流动，威胁数据的机密性。因此，国内外各个测评标准中均要求对高等级信息安全产品进行隐通道分析，包括隐通道标识、隐通道的消除、隐通道最大带宽的计算及隐通道的审计与限制带宽等。早期的典型隐通道分析方法包括语法信息流分析、语义信息流分析、共享资源矩阵、隐蔽流树、无干扰分析等；近年来，提出了基于场景分析、基于信息论分析等新方法。

MLS-DBMS中有两类典型隐通道：存储隐通道与时序隐通道。其中存储隐通道的发送者通过直接或间接地修改一个存储变量，接收者通过感知该存储变量是否发生变化而得到信息。

3.多级安全数据库事务模型

在传统关系数据库管理系统中，事务应满足原子性、一致性、隔离性与可持久性，以保证数据库内容的完整性、一致性与可恢复性。而在MLS-DBMS中，事务是模型中的主体，作为用户的代表它具有特定的安全级别。因此，事务除了必须满足上述要求外，还必须满足多级安全策略模型。这带来以下一系列的问题：首先，安全策略保证信息只能向上流动，禁止事务下读与上写，这在某种程度上限制了事务的功能，导致某些事务在多级环境下可能无法执行，而采用多级事务则违反了多级安全策略模型；其次，调度器处理的是安全级别不同的事务，若由于调度机制导致低级事务被阻塞或延迟，容易被利用构造出时序隐通道，而修改调度机制则可能导致违反数据事务可串行性。

4.数据库加密

数据库加密可以有效地防范内部人员攻击。以明文形式存储的数据库数据信息若被那些已被收买的内部人员获得，将导致十分严重的数据库泄密事件。因此，提供密码控制手段来保护数据安全是安全数据库管理系统的重要需求。

数据库加密的挑战性体现在如下三个方面：首先，数据库中数据存储时间相对较长，并且密钥更新的代价较大，所以数据库加密应该保证足够的加密强度；其次，数据库加密后存在大量的明密文范例，若对所有数据采用同样的密钥加密，则被破译的风险更高，所以数据库加密应采用多密钥加密；最后，数据库中的数据规律性较强，且同一列中所有数据项往往呈现一定的概率分布。攻击者容易通过统计方法得到原文信息。因此，数据库加密应该保证相同的明文加密后的密文无明显规律。

（二）外包数据库安全

一个典型的数据库服务场景由数据库内容提供者（以下简称所有者）、数据库服务运营服务商（以下简称服务者）与数据库使用者（以下简称用户）三方构成。

这种数据库服务模式带来了以下特殊的安全问题：数据库用户无法信赖安全数据库系统实施数据安全保护。因为在数据库服务模式下，服务者负责维护数据库管理系统（DBMS）软件并提供数据库查询服务，但服务者并非完全可信，所以不仅外包数据库面临安全风险，DBMS软件也因其运行的环境不可信、不可控而面临安全风险，无法起到对数据的安全保护作用。

外包数据库服务模式下的数据库安全研究内容主要集中在外包数据库安全检索技术、外包数据库查询验证技术、外包数据库密文访问控制技术和数据库水印等方面。

1.外包数据库密文访问控制技术

非可信的DBMS对访问控制策略的存储与执行都带来了很大困难，一种基本的解决途径是基于密码技术。最近有学者开始将分布式文件系统中基于密码技术实现访问控制的思路应用在外包数据库的访问控制中。GMU大学提出通过双层加密结构实现对外包数据库进行自主访问控制支持。底层加密作为实际的数据加密，上层加密作为访问控制策略，并在此基础上定量分析了多用户多密钥加密环境下这种策略的性能与所要加密保护的数据规模之间的关系。但相关研究和实用仍有相当长一段距离。

2.数据库水印

由于数据库内容必须脱离数据库所有者的直接控制，服务外包模式比以往更容易出现数据库被非授权复制的情况。目前，数字水印技术是对多媒体数字作品进行版权保护的一种基本方法。然而关系数据库元组的无序性、动态性、数据类型等决定了数据库水印与多媒体数字水印技术存在很大的不同。

六、内容安全技术

（一）内容安全的概念

在信息科技中，"信息"和"内容"（content）的概念是等价的，它们均指与具体表达形式、编码无关的知识、事物、数据等含义，相同的信息或内容分别可以有多种表达形式或编码。信息和内容的概念也在一些特别的场合略有区别。一般认为，内容更具"轮廓性"和"主观性"，即在细节上有些不同的信息可以被认为是相同的内容，人们在主观上没有感觉到这些细节的不同对理解或识别内容有多大的影响。而信息具有自信息、熵、互信息等概念，可以用比特（bit）、奈特（nat）或哈特（art）等单位衡量它们数量的多少，因此一般认为信息更具"细节性"和"客观性"。在细节并不重要的场合下，内容往往更能反映信息的含义，也可以认为内容是人们可感知的信息或较高层次的信息，因此多个信息可以对应一个内容。

在图像压缩编码中，可以通过压缩编码减小一个数字图像的存储尺寸。当前常用的图像压缩编码方式是JPEG压缩，产生的图像文件为JPG文件。大量的图像压缩工具可以将其他格式的图像压缩为JPG文件，JPG格式的图像也可以进一步压缩。设原图像编码文件为A.tif，它被压缩为B.jpg，由于JPEG压缩是有损压缩，为了节省存储空间，压缩后的编码省去了一些高频信息，因此A.tif和B.jpg表达的信息是不同的。但如果压缩程度不是太高，可以认为它们表达的内容是相同的。在现实中，人们会认为照片上的内容相同，只不过一个尺寸大些、一个尺寸小些。

随着数字技术、计算机网络和移动网络的发展，内容的复制和流动变得更加容易，这在一些情况下是人们需要的。但在另一些情况下，内容的肆意复制、传播和流动危害了一些组织与个人的利益，因此人们希望实施一定的控制和监管，获得可控性。显然，实施这类控制的依据是何种内容或信息在被复制、传播或流动，因此，内容或信息本身的含义直接与安全策略关联在一起，这也要求信息安全策略的执行需要预先识别内容或信息。内容安全就是指内容的复制、传播和流动得到人们预期的控制和监测。

这里"内容"一词的定义主要基于以下三个方面：

一是前述内容与信息的细微差别。

二是当前国际上将数字视频、音频和电子出版物等称为数字内容。

三是一些文献中的"内容"专指应用层或应用中的数据和消息。

随着数字多媒体技术的发展，出现了大量的数字媒体内容制作、加工和编辑工具。一方面，数字内容的制作者（尤其是影视行业）用这些工具提高了数字内容的质量；另一方面，这些工具也为数字内容造假提供了可能，使得逼真的假造内容屡次出现，不但对公众起到误导作用，也往往使得普通数字内容作为法律证据的效力遭到质疑。显然，人们需要能够核实数字内容的真伪，并且这种核实也能针对普通数字内容进行（即进行所谓的内容盲取证），而不依赖于这个内容曾经被数字签名。内容安全技术就是获得以上控制和监管能力的技术，它可以分为被动与主动两类。被动内容安全技术不预先处理被监管的内容，而主动内容安全技术对被监管的内容先进行预处理，在内容中添加验证信息。一般认为，被动内容安全技术使用起来更方便，但主动内容安全技术的可靠性和准确性更高。

从国内外出版的文献看，内容安全技术也可以分为广义的内容和狭义的内容安全技术两类。广义的内容安全技术是指与内容及其应用特性相关的所有信息安全技术，包括数字版权保护、数字水印、多媒体加密、内容取证、内容过滤和监控、垃圾邮件防范、网络敏感内容搜索、舆情分析与控制、信息泄露防范等。狭义的内容安全技术主要包括广义内容安全技术中涉及内容搜索、过滤和监控的部分，如网络多媒体内容的非授权散布监控、内容过滤和监控、垃圾邮件防范、网络敏感内容搜索、舆情分析与监测等。

（二）文本过滤

防火墙技术可能在多个网络层次上实施过滤，一般基于地址或端口的过滤在基于应用数据的过滤之前执行。文本是最常出现的应用层数据形式之一，文本过滤不仅可用于防火墙，也适用于阻止垃圾邮件、防范信息泄露、搜索网络敏感内容和舆情控制等，这些应用也需要从截获或搜索到的数据中发现特定的文本内容或对文本进行分类，执行相应的安全策略。文本过滤属于被动的内容安全技术。

最简单的文本过滤方法采用关键词查找，通过文字串匹配算法确定文本是否包含某些特定的词，进而确认文本类别。当前，研究人员提出了很多串匹配算法，提高了匹配效率，但是，由于各个关键词的重要程度不同或它们之间的关联方式不同，发现它们的存在往往不能判断文本的特性。典型地，当系统发现一个文本包含一些不良词时，往往不能准确判断文章是从正面或从反面的角度使用这些字词。为了实施正确分类，系统可能需要知道不良词出现的频率、它们之间及它们与其他词之间的关联。

针对仅使用关键词匹配的不足，人们自然想到用更全面的特征判断文本内容的类型。20世纪70年代，人们提出了文本的向量空间模型，对文本过滤技术产生了深远的影响。这个模型将文本看作由不同的词条组成的高维向量（T_1，……，T_N），根据不同的估计方法，词条T_i具有权重参量W_i用于表示该词条对文本内容的重要程度，则（W_1，……，W_N）是N维欧氏空间中的向量。在用于文本过滤时，一般T_i是经过选择的特征词条，维数N也要按照计算能力进行控制，此时（W_1，……，W_N）也被称为特征向量。维数的计算一般考虑了自然语言的特性。

（三）内容安全分级监管

内容安全分级监管是一种主动内容安全技术，它指在内容发布前，在内容中嵌入分级标识，随后的各种监管措施基于分级标识进行。在基于分级标签的内容分级管理框架中，分级标准处于核心地位，它约定了内容分级、生成并嵌入标签及在监控和过滤中识别标签的方法。

内容安全分级监管主要包括内容分级、生成并嵌入标签及根据识别的标签实施监管等几个环节。任何接受监管的内容必须按照统一的要求被分级，一般一个级别包含内容类别标识和等级标识，如"暴力2级"。标签不仅记录以上内容类别和等级信息，一般还包括分级标准颁布组织、时间戳等标签信息。PICS规范没有给出标签防伪技术，但实用系统不难进行这方面的扩展。

当前，PKI和数字签名技术被应用到了标签生成中，这样，标签的真实性和被保护内容的完整性均可以得到保证。标签的嵌入与保护的具体文档格式相关，一般采取以下嵌入方法。

一是对于常用的HTML格式，可利用HTML格式的META标记，将标签嵌入在HTML文件头中。

二是RFC-822约定了Internet中一些文本消息的格式，它们涉及电子邮件、HTTP、FTP、GOPHER、USENET等应用协议，可以利用这类消息头存储标签。

另外，PICS定义了HTTP协议扩展，允许Web服务器处理获得分级标签的请求。

三是由用户发出请求，再由可信的第三方——"标签局"（Label Bureau）针对特定的URL向用户提供标签。

（四）多媒体内容安全技术简介

1.被动多媒体内容安全技术

被动多媒体内容安全技术通过检测或搜索未经过相应安全预处理的网络多媒体内容，确定不良、盗版内容的传播、散布情况，或者识别伪造的内容，并执行可能的处置。当前，被动多媒体内容安全技术主要包括网络多媒体识别、内容伪造取证等技术。

当前，一些简单的监管系统主要采用网页分析与网页信息抽取的方法判断多媒体的违规散布，即通过关键字搜索检测媒体散布的线索，但这样做的可靠性不高，违法者容易通过修改媒体内容的名称等方法避开监管，因此还需要分析媒体本身。

内容杂凑是一种新出现的多媒体内容发现技术，它也称为感知杂凑或指纹化，这类技术首先提取待发现内容的基本特征数据，前者一般尺寸较大，而得到的特征数据具有小尺寸和低碰撞性的特点，在这方面类似于密码技术中的杂凑值，但它对不同的编码格式不敏感，因此，网络搜索系统可以基于内容杂凑去识别搜索到的多媒体，避免了采用大数据作为匹配依据的复杂情况。在我国，与内容杂凑类似的技术也称为零水印。

另一类典型的被动多媒体内容安全技术是数字内容盲取证。由于普通多媒体内容本身也存在一些制约关系，如一幅图像中的太阳光照角度是相同的，并且在物体透视效果上满足一定的规律，因此，可以通过分析这些约束条件的满足情况发现篡改痕迹，并识别内容伪造及其区域。

2.主动多媒体内容安全技术

主动多媒体内容安全技术主要包括基于分级标签和数字水印嵌入这两类技术，数字水印又可分为鲁棒水印和脆弱水印，它们可分别面向版权保护和内容伪造识别。

基于分级的网页内容安全技术是一类典型的主动内容安全技术，它的基本原理也可以用于多媒体内容安全技术。但是，分级标签的嵌入受到文件格式的制约。另外，违法者可以架设自己的网站发布非授权的内容，这些网站不会支持使用分级标签。而鲁棒水印技术弥补了以上不足，鲁棒水印与合法发布的多媒体内容紧密地结合，违法者难以在不显著破坏多媒体感知质量的情况下消除水印，因此水印成了"黏合力强"的标签。

脆弱水印是一种主动内容取证技术，相比于内容盲取证技术，脆弱水印验证的正确率较高，也能确定篡改位置，但盲取证适用于未经安全预处理的内容。

第三节　大数据背景下计算机信息安全技术

一、大数据驱动的计算机信息安全体系构建

（一）大数据给计算机网络安全带来的影响

大数据技术带给计算机安全的隐患主要是恶意攻击和病毒入侵两个方面，恶意攻击和病毒入侵都有可能造成计算机系统的瘫痪或是重要数据的丢失。不管是恶意攻击还是病毒入侵，其传入源都主要集中在网络这一个渠道，只要用户在使用网络的过程中做好基本的安全防护就可以很大程度地降低两者所带来的威胁。然后随着计算机技术的飞速发展，传统的信息安全全因素，网民的个人信息保护意识也在不断提升。

在大数据背景下，人们使用网络过程中产生的任何痕迹都有被收集和分析的危险，由安全问题所引起的信息窃取和数据泄露问题日益严重。基于对社会稳定的考虑，国家也相继出台了多项法律来规范个人用户数据的使用，但由于监管难度过大，信息安全问题一时间难以得到有效的解决。

（二）大数据驱动下的信息安全问题分析

1.大数据理解不完全，实践能力欠缺

目前，对于大数据的利用还未曾积累足够的经验，使得其在应用时往往会出现多种不可控的问题。比如大数据发展所带来的信息安全问题就是其中最为关键的内容。由于认知上的不成熟，许多人认为大数据就是"大量的数据"，对于大数据的

应用就是"分析大量的数据"。这一认识不仅无法促进大数据的发展与合理运用，反而还会将行业带入新的误区，忽视了信息保护和信息共享方式等核心应用。另外，对于数据的开放共享也会存在很多错误的理解，没有认清共享的真正价值和方式，导致安全隐患问题的加剧。如果不法分子也充分掌握了大数据核心技术，就会非常容易利用挖掘到的价值信息实现更加精准化的安全攻击。

2.产业生态拓展导致应用安全问题加剧

大数据背景下，数据交易、共享及交换的任何一个环节都有可能出现信息安全风险，同时又可以被传递链放大，所以大数据对于信息安全造成的影响格外明显。

数据提供商如果是采取不当的手段非法获取用户的信息，那么其给监管部门带来的监管难度是非常大的，用户的Cookies、用户在网站的各项行为数据等都可以变成商品。数据商品经过多层使用之后会直接影响到人们的正常生活。

另外，大数据的应用商也存在同样的安全风险，诸如需要面对来自黑客的恶意攻击及数据丢失等问题。如果大数据应用商在对数据使用方面的商业行为得不到有效的监管，用户的隐私泄漏问题会更加严重。

技术平台商的安全风险主要来自技术发展仍未完善的框架，由于Hadoop框架存在一些与安全有关的问题没有解决，数据消费商在交易或者交换数据商品时就会面临数据被窃取的风险，小则扰乱数据市场，大则造成社会不安定因素。

大数据的监管机构同样存在安全风险，特别是在开展监督检测和安全审查的过程中，如果配套的安全保护策略不完善，就有可能导致严重的数据泄露事故。

3.安全防护理念和手段陈旧

我国的大数据核心技术相较于世界顶尖水平还有一段距离，由于计算机网络技术发展过快，人们对于大数据的理解能力还十分有限，在享受大数据带来便利的同时很难去思考时刻所面临的信息安全问题。安全防护理念过于陈旧在很大程度上影响着我国的大数据安全。比如我国都没有自主研发的核心技术，数据库等关键性技术都是基于国外产品的二次研发，并且以开源为主，这就导致了不可控因素变多，产品使用的容错率下降。

4.与信息安全有关的专业人才不足

大数据需要大量的专业型、复合型的人才。大数据技术是一门综合了数学、机器学习、自然语言处理等多门学问的技术，只有综合型的人才可以担任行业的相关工作。目前我国最缺的也是这种复合型人才。导致这一问题的原因一是我国计算机技术起步较晚；二是能够培训尖端人才的教育组织或教育机构过少，大数据相关人才缺口越来越大。

（三）大数据驱动下的信息安全发展策略

1.安全意识形态发展策略

构建新时代的计算机信息安全体系应以提升信息安全意识为基本前提，只有意识提升上去了才能够将各项计划落实于实际。首先要积极推进计算机信息安全网络保护工作，对于一些敏感信息要加强普及宣传教育，强化用户的计算机安全应用门口。从用户角度来说，在使用计算机网络的过程中，一些重要信息的保护非常重要，像网银密码、网站的账号密码等都会与个人财产有直接的联系，要通过意识的提升来降低信息被窃取的风险。

对网络信息安全监管部门来说，其在信息安全体系建设中所起到的领导作用要切切实实地发挥出来，一方面要"堵"住安全缺口，另一方面要"疏通"安全防护渠道，对于存在的网络信息安全要及时地发现并寻找解决方案。管理者要对网络安全的重要性有深刻的认识，通过不断提升技术水平来创新安全防护体系建设方法。针对大数据专业的人才缺口问题，政府应站在国家层面上建立人才培训计划，重视相关专业人才的鼓励培养，鼓励企业多与高等院校建立人才培养和输送合作方案，积极培育大量复杂型大数据尖端人才。

2.外部环境支撑保障策略

良好的外部环境需要个人与国家还有相关企业的共同努力。应用先进的安全机制来保护数据库系统，是构建信息安全体系的基本内容之一，只有保证了数据安全才能进一步保证数据使用上的安全。大数据驱动下的云计算信息安全体系想要落实最终还会归结于技术创新这一问题上，通过技术上的创新为安全体系建设创造出应用基础。具体包括建设容灾备份系统，使用分布式数据存储方案对数据进行分散式管理，这种"鸡蛋不放在同一个蓝子里"的做法虽然传统但十分有效。得益于云存储技术的发展，分布式储备方案在落实时已经不是难事。为了充分保障关键数据的安全，存储方案更应考虑更多的因素，达到未雨绸缪的效果。

规范相关法律以及建立更加先进的网络信息安全评价标准，让网络信息安全工作在落实时有更多的依据。目前现有的标准体系虽然覆盖面广，但是也存在着差异化严重、标准未统一等问题，想要更好的构建信息安全体系就需要对此问题加以解决。

3.技术创新发展保障策略

（1）防火墙技术升级

对付外界攻击入侵最有效的方式是防火墙，这一传统的安全技术手段是目前使用最广泛也是最具有应用价值的方法。随着技术的进步，特别是大数据技术的应用，网络防火墙也应得到相应的升级，通过数据挖掘分析等方式计算攻击因子的数据特征，让防火墙的攻击识别能力得到有效加强，在计算机网络保护中起到非常明显的作用。

（2）加强对网络信息系统的监管

网络信息系统在运行的过程中会遇到许多十分复杂的问题，这些问题大部分都会对计算机的信息安全产生影响。特别是在移动互联网普及之后，智能移动设备所面临的运行问题有增无减，而用户对于移动设备的系统安全防护意识更加薄弱，计算机的入侵问题日益严重。在构建信息安全防护体系时，不但要采用入侵检测技术来防止计算机或移动设备遭受外部入侵，还要实现对网络的全面监管，采用统计分析法和签名法等方式加强对网络信息系统的监管。

（3）身份识别与加密

随着人工智能和计算机视觉领域的发展，身份识别技术越来越先进、越来越成熟，生物识别、人像识别、虹膜识别等逐渐替代了传统的信息识别方式，加强了身份识别的安全性。从身份识别技术的发展也可以看出，身份识别在信息安全方面的应用十分广泛，作用也相当明显。想要构建更加先进的信息安全体系，不但要加强身份识别技术的发展与应用，还要将身份识别技术与加密技术充分结合起来，通过创新加密形式来保护用户所产生的网络使用信息。

二、大数据背景下医院计算机网络信息安全技术的应用实践

（一）医院信息数据系统加强管理

受大数据技术的影响，信息安全技术水平呈现出持续性的提升趋势，在计算机网络信息系统构建与完善的过程当中，医院方面为确保数据安全可靠，就需要

针对医院信息数据系统进行强化管理。

首先，要求医院工作人员重视对客户资料的保管，避免计算机网络安全信息系统出现数据丢失的问题，并落实相应的预防措施。

其次，医院方面需要应对客户资料进行及时备份。为了避免医院计算机网络信息系统相关故障产生并导致信息丢失的问题，应对关键信息与储存内容进行预先备份，以促进信息数据安全性水平的提升。相关人员需要充分认识客户资料出现损坏或者丢失对整个计算机网络安全信息系统的重要影响，不但会导致医院工作效率的下降，同时也会导致患者有效治疗受到影响。因此，加强对医院信息数据系统的管理，在为医院计算机网络信息安全系统提供有力保障方面具有重要意义与价值。

（二）促进病历与统计管理应用效能的有效发挥

在大数据技术支持下，医院信息数据能够基于对计算机软件的合理应用达到整合目的，并配合对云储存技术的合理应用，支持数据加固功能的实现。除此以外，还可通过引入访问权限设置的方式促进数据存储安全性水平的提升。

同时，基于对计算机网络信息安全技术的合理应用，能够对患者诊断记录进行快速查找，方便工作人员动态了解患者实际情况，如既往病史、治疗方法、用药信息等，以此种方式促进患者信任度的提升，达到优化临床治疗效果的目的。

在此过程中，首先要基于大数据技术构建一套健全的管控数据库系统，重视对计算机网络信息安全技术的合理应用，以促进部门信息关联性水平的提升，同时落实不同诊治科室目前存在的信息关联关系，构建信息数据网格化管理模式，以达到促进管控数据库应用效能与水平的目的。

同时，还要构建云计算技术支持下的云访问、云共享及云储存系统。搭载计算机网络信息技术的应用，支持数据传输与资源全面共享。医院需要对档案信息与病历信息等基础资料进行合理储存，在云平台支持下对相关信息进行搜索下载，并满足数据传输需求，以实现资源信息的全面共享，从而支持医疗体系中的诊疗功能。

以电子病历档案云共享平台的构建为例，云计算技术能够支持新型资料与技术资料的效率化、规模化及差异化使用。原始电子病历存储需要购置大量硬件存储设备，而对大数据、云计算技术的合理应用，能够实现电子病历的虚拟化存储，节约硬件设备投入，进一步提升利用率。

基于移动云技术的电子病历系统包括如下功能：对云计算平台提供支持的虚拟主机、云储存器及软件服务 SaaS，提供平台服务的 PaaS 支持，开放基础设施服务 IaaS 支持，以及电子病历云储存与云计算、云共享。基于移动云计算模式的医院电子病历系统采取分层架构设计模式，包括数据访问层、业务逻辑层及视图层三个模块。在该架构方案下，电子病历用户能够基于对 Web 页面的应用与 APP 终端对系统进行访问，同时也可通过第三方数据库构建访问权限验证机制，为系统安全访问提供重要保障。电子病历系统检索流程是首先由用户发出检索请求，系统对待分析数据进行读入，然后调用对应分析引擎对数据进行分析，分析结果经 CAS 面向用户提供。

（三）促进财务管理系统应用效能的实现

为满足现代医院 d 构建需求，信息化转型对财务管理系统而言非常重要。医院财务管理系统可以按照财务流程划分为业务财务系统、内部财务系统两大部分。财务管理信息平台需要实现对这两大部分的整合。相关的数据信息，如业务数据、财务数据、资产数据、病历档案数据等均需要覆盖系统建设，以基于对数据波动的应用，实现对财务管理信息的动态分析，发挥对财务数据的监控职能，支持成本配置、采购数据及资产消耗等一类数据信息的全面分析，并基于不定期更新系统实际需求的方式，将财务管理系统整体调控效能充分地发挥出来。

医院可以尝试从财务基础数据平台入手，对财务数据集成平台进行积极构建，重新构造财务标准化工作流程，通过"一期财务数据平台→二期财务业务平台→三期运营管理平台"的构建，打造医院财务管理信息系统。

（四）强化网络界面访问控制

访问控制功能的实现支持对访问计算机网络信息系统用户身份与权限进行限制。对需要进行网络访问的用户，需要落实身份认证机制，确定用户是否具备对网络数据资料进行访问的权限，同时决定用户对资源的具体使用程度。

在计算机网络信息安全系统中，访问控制技术包括属性权限控制、网络权限控制、入网访问等多种类型，医院必须重视对上述相关技术的合理应用，强化网络界面访问控制功能，最大限度地保障网络储存信息资源的安全水平。

例如医院可以结合实际情况构建访问控制模型，形成医院的信息系统的各类表单，构建数据库文档。在医院信息安全部门主体用户分类、信息资产识别基础之上，构建客体资源表与主体用户表，对两者特征进行描述。在该系统中，以入网访问控制策略为首层安全机制，对用户登录行为、网络资源的使用情况进行控制，落实用户入网的时间与位置控制要求。按照"用户名识别验证→用户口令识别验证→用户账户默认权限检查"的步骤，对用户访问进行控制。其中，默认权限需要充分考虑时间、空间因素的约束性影响，确保网络平台能够对用户登录网络位置进行控制，限制入网用户终端数量，避免出现角色权限滥用或者冒用的问题。

三、大数据时代小微企业计算机网络安全问题及防范对策

（一）企业中计算机网络存在安全问题的原因

1.网络信息盗取问题

当前许多计算机使用者在运用通信工程网络时，进行的安装与部署模式十分单一，尽管其中作业程序是可简化的，却极易造成通信网络暴露出安全性问题，无法对通信网络进行完整的保护，很可能出现信息泄露的危机。特别是当用户如果习惯了应用第三方软件程序时，就可能会遇到一些问题，比如软件的安全保护有缺陷的问题，再如计算机的安全系统与网络安全机制发生了矛盾，从而造成了木马入侵计算机系统，造成了用户信息安全的干扰，从而对整个网络的安全造成严重影响。另外，当前广大的计算机用户普遍都能认识到黑客对电脑系统的威胁，因为这种情况时有发生。如果一些操作人员受了金钱的蛊惑，将自己所掌握的知识和积累的经验运用到其他公司或人员的网络中，从而获取非法利润，这就是一个很棘手的问题了。这种非法入侵系统的人通常称为黑客，他们通过利用寻找到网络中存在的安全漏洞，从而进入被入侵者的网络系统，偷取信息文件，在违反法律的前提下得到或篡改电脑数据系统，种植木马，并散布电脑病毒。更有一些技术精湛的黑客，通过非法侵入军方网络获取军方的重要资料，对整个国家的安全构成了极大的危害。所以，在一定程度上，黑客攻击对网络安全的威胁是最大的。

2.计算机病毒的恶意侵入

一般而言，计算机遭受病毒的侵害会导致信息发生泄漏，计算机病毒是指开发者在程序开发过程中刻意植入的破坏计算机功能的代码。该病毒的传播性较广并且具有很强大的隐蔽性，一般情况下难以发现。其传播途径以闪盘、移动硬盘、文档等形式进行对外传播。电脑病毒的蔓延也会带来很多问题，比如电脑的主要资料可能会被破坏，或是个人资料、商业机密等关键信息，这可能会危及人类的生命财产安全，因此电脑病毒是很危险的，轻则计算机信息遗失，重则隐私信息被窃取。企业的计算机网络安全对整个企业的运营起着非常重要的作用，如果企业信息泄露，将带来一系列危害。

（1）企业的信任度降低，形象受损

对一个企业而言，若想得到长久发展，外界对企业的信任度则显得至关重要，它代表了企业的形象，并且可以是企业发展壮大过程中的一笔无形资产。企业内部网络信息泄露的方式多样，然而无论以哪种方式遭到侵害，都有可能对企业当前或者未来的发展带来致命的危害，从而使得客户的信息或者是企业内部的机密遭到泄露，使得企业不仅遭受巨大的经济损失，还可能失去核心竞争力，降低企业在市场竞争中的地位。倘若企业的客户资料遭到外传，会在极大程度上降低外界对企业的信任度，从而使得企业的形象受到巨大的损害。

（2）企业运营停滞，增加企业经济负担

倘若企业内部的计算机网络遭遇非法侵入，有可能会导致企业内部发生大面积的网络瘫痪现象，从而使得企业的运营产生停滞，企业无法正常得到运作，使得工作效率大幅降低。与此同时，为了恢复企业的网络系统，企业需要支付高昂的维修费用，也在一定程度上增加了企业的经济负担。

（3）安全工具的使用不当造成的影响

网络安全软件是一种用于维护电脑系统中软件、硬件或系统资料的辅助工具，能够防止电脑因其他因素造成的信息破坏、篡改和泄露，从而保证系统的安全、可靠。网络安全软件主要包括防火墙、防病毒软件和软件漏洞探测软件等。实际上，不恰当地利用网络安全软件也是一种人为因素导致的电脑受损，所以网络安全软件的使用能否取得理想的结果，将会受到使用者的极大影响。比如，由于使用者在杀毒软件中的设定和使用不当，会致使杀毒软件无法正常工作，从而增加了电脑被病毒感染的概率。

（二）提升计算机网络安全问题的应对策略

考虑到网络安全问题可能产生的严重后果，我们日常使用网络时，应当仔细分析潜在的网络安全问题，从网络发展的实际为起始点，围绕网络安全制定出具体的解决方法，确保有效解决网络安全问题，提高网络的稳定性和安全性，推动网络安全向又快又好发展，并创造一个安全、可靠的网络环境。因此，可从以下三个角度来制定网络安全问题的对策。

1.对操作系统进行及时更新

从当前操作系统的发展进程来看，已经可以实现对其存在的安全漏洞进行修复，并可以定期通过对操作系统升级和更新来有效阻塞操作系统的安全漏洞，从而提高操作系统的安全性。因此，在日常网络使用中，我们应及时更新操作系统，以防止安全问题的发生。

2.在网络终端系统中安装杀毒软件

从当前网络使用进程来看，病毒作为一种特殊程序是无法彻底消除的。为了确保网络安全，我们可以通过在软件系统中安装正版杀毒软件并定期对网络系统进行杀毒，以确保网络系统能够抵御病毒攻击的同时记录该病毒以产生对抗该病毒的方法，从而达到提高网络安全性的目的。

3.采用信息加密技术

为了保证企业内部的计算机网络信息安全，加密技术的使用可以在极大程度上保护企业的计算机网络免于遭受恶意的侵入，已经成为保障企业的计算机网络安全的可靠途径。我国针对企业间的数据加密技术正在不断发展，可以满足多种形式的企业信息保护，加密技术中的分部网络不可逆。因此，不同的企业可以依据自己的使用习惯选择对应的加密形式，从而确保企业中的计算机网络信息安全有效地使用。

信息加密是将密码技术与量子力学技术有机地融合在一起，以量子形态作为加密密码、解密密钥，在某种程度上保证了通信工程网络的安全。

①我们要把单光子量子通道之内部的海森堡测不准的理论作为研究基础，保证数据安全性，方案可以正常开展。②我们要把非正交量子态性质作为基本的一环，合理地设计出相应的解决办法，对当中的量子密码进行深入的分析，确定它的分配情况，建立相应的关键技术，确保技术的有效性。在网络技术日益发达

的今天，人们可以通过多种方式来保护用户的个人资料。比如设置密码，短信验证、真实身份验证等。如果是进行付款、登录时，要避免使用生日、1~6之类的简单代码，而要选择与自己无关的英文和数字。

四、基于大数据背景下的高校网络信息安全管理工作

（一）大数据背景下高校网络信息安全管理的必要性

1.高校建立全方位安全防控体系的必然要求

高校网络信息安全工作有着复杂性、系统性的特点，涉及的不仅是高校师生的身心健康，还关系到高校各项工作能否顺利开展。在大数据背景下，高校网络信息面临诸多的安全风险，尤其是在新型网络犯罪手段出现后，高校的网络安全防护系统已经难以对这些风险进行及时有效的防范。因此，高校在强化网络信息安全管理的过程中，必须以大数据技术为支撑才能建立有效的全方位安全防控体系。

2.高校教育信息化建设的必然选择

自从教育部印发《教育信息化2.0行动计划》后，高校有了新的发展目标，"互联网+教育"成为新时期高校发展的主要方向。在大数据背景下，高校网络信息安全管理工作也是信息化建设的重要衡量指标之一，同时也体现了高校信息化建设水平。当前高校网络信息安全存在的问题，危及网络信息系统的安全，对于高校的可持续发展非常不利，更制约了高校信息化建设的进程。所以提高高校网络信息安全管理水平，是高校教育信息化建设的必然选择。

（二）大数据背景下高校网络信息安全管理问题

1.个人隐私的泄露

在高校中，师生是主要的网络用户主体。由于高校有着人口密度大、信息业务多的特征，在大数据背景下，高校每天都会产生各种用户信息数据，其中很多都涉及师生的隐私信息。个人隐私信息泄露主要表现在以下两个方面；一是校园的信息系统管理人员在发布信息时，会涉及学生的家庭住址、电话号、身份证号等信息，如果对这些隐私没有进行脱敏处理，就会增加信息泄露的风险；二是

高校内部网络数据库中存在安全漏洞，这就为黑客攻击提供了可乘之机。如果网络数据库受到攻击，将会出现用户信息数据被窃取的问题，就会带来难以估量的后果。

2.网络黑客的攻击

开放性是互联网最大的特点，这也在一定程度上增加了网络风险。在大数据背景之下，校园网络中的信息数据在不断增多，但是网络设备、服务器等方面或多或少存在一些漏洞，为黑客攻击提供了可乘之机。黑客对校园网络的攻击包括主动攻击和被动攻击两种，前者是篡改信息数据，后者是窃取网络数据。但是无论采用哪一种攻击方式，都会危及高校网络信息的安全，网络信息数据泄露、网络服务功能降低都是主要的表现，甚至是出现高校网络崩溃等致命问题。

3.安全管理不规范

针对高校网络信息安全的维护，业内通常有"三分靠技术、七分靠管理"的说法，可见在高校信息化建设方面，网络信息安全管理工作十分关键。网络信息安全管理工作的规范与否，在于安全技术人员的操作。因为人为因素不可控性比较大，高校在进行网络信息安全管理时，若存在操作不规范的情况，必然会为校园网络系统带来安全风险。安全管理不规范，主要表现在以下三个方面：一是在校园网络设备、服务器日常运维中，操作人员没有严格按照相关规范执行，导致系统存在漏洞；二是在设备与系统的密码管理方面，存在疏忽，没有定期更新密码，增加了安全风险；三是缺少网络数据安全维护意识，在用QQ、微信等通信软件工具传递信息的时候，涉及师生的隐私信息和关键数据，这些不规范的操作都会加剧信息泄露的风险。

（三）大数据背景下高校网络信息安全管理对策

1.强化网络安全制度建设

在大数据背景下，网络环境更加复杂，高校网络安全问题日益严峻。为了维护网络信息安全，当前高校需要进一步强化高校全体师生的网络安全防范意识，培养和提高校园网络管理人员素质，保证网络信息安全管理水平。在网络信息安全管理的过程中，需要网络安全管理人员定期对师生进行网络安全防范培训工作，以讲解网络风险隐患作为主要的培训内容，普及校园网络信息安全知识。

2.加强校园内部病毒防范工作

目前，在高校网络信息安全管理方面，做好内部病毒防范工作，对于保障高校网络信息系统安全有着积极的促进作用。首先，在软件配置方面，对于校园服务器的配备，高校要考虑内部网络用量需求，对校园网络进行规划，配备相符的网络服务器。同时在控制预算的基础上设置专业化的防火墙，安装功能强大的杀毒软件，对校园网络系统进行动态化监控，并及时对网络漏洞进行扫描，更新杀毒软件，避免病毒的入侵。其次，在硬件配置方面，高校需要综合利用校内的硬件资源，如计算机、多媒体教室等，尽可能控制没有联网的计算机病毒库的更新速度。如果有的计算机不可以安装杀毒软件，那么就要选用专业的软硬件还原卡，定期对系统进行还原，并做好空间清理工作。通过采取多种措施，对校园内部的病毒进行防范，以有效保证校园网络信息系统安全。

3.规范师生的计算机操作

在大数据背景之下，人们可以使用搜索引擎在网络中搜索任何资源，以下载或者复制粘贴等方式将资源快速应用到其他程序中，或者使用外部打印机将资料打印出来。在日常的计算机操作中，针对高校存在的网络信息安全问题，需要对师生的计算机操作进行规范，规避在数据传输中被黑客入侵的风险。首先，高校需要制定科学的计算机操作和使用规范，并将高校内部的公用计算机文件打印功能关闭掉，避免过多端口带来的入侵风险；其次，直接对高校内部的计算机账户进行禁用处理，或者采用快速设置无权限的管理账户方式，对不法分子的攻击进行迷惑；最后，积极宣传计算机规范使用的意义，增强师生的计算机规范操作意识。而高校计算机房的工作人员，则需要做好计算机设备及系统的维护工作，定期更换不同计算机的管理账户，避免被不法分子冒充管理员，减少权限乱用的情况，以保护重要资料的安全性。

4.应用网络安全防护技术

首先，应用访问控制技术。高校计算机网络部门可以采用访问控制技术，对外部网络访问进行严格的审查与控制，这样就可以有效避免高校网络信息被盗的问题。在计算机中设置相应的访问权限，严厉打击非法者访问高校共享资源，仅允许校园内部的人员访问高校网络信息，通过身份识别、口令加密、安全网关等方式控制访问，或者采用分级审查的方式，对外部服务器提供给高校的资源进行审查，对重要的设备进行多种方式加密等应用访问控制技术能够维护高校网络的信息安全。

其次，应用防火墙技术。防火墙技术能够将内网与外网进行隔离，为计算机提供安全屏障，这也是解决计算机网络信息安全问题常用的一种技术。在高校网络系统中应用防火墙技术，既可以阻止不法分子利用系统漏洞攻击网络，也可以限制公共数据进入防火墙之内，以信息过滤、状态监测、代理服务等手段开展安全防护工作，保障高校内部网络信息的安全。

再次，应用加密技术。加密技术主要的应用对象为内部数据，采用加密算法对敏感的数据进行处理，将其转变成识别难度大的密文，避免信息在传播的过程中被窃取。

最后，应用数据备份技术。在高校网络信息安全管理方面，采用数据备份技术的主要目的是保护数据，避免数据遗失。计算机在使用的过程中，若出现操作失误或者系统故障，就会导致大量数据丢失，这就难以保证网络信息的安全性。因此，采用数据备份技术可以将高校的相关网络信息数据从主机硬盘中复制到其他存储介质中，避免数据丢失。当前科技的发展，推动了数据备份技术的发展，已经从原来的冷备份发展到了网络备份。因此，高校可以依据硬件、存储设备的特点，选择相符的数据存储软件，及时对校园网络信息数据进行备份，从而保证网络信息的安全性。

第六章　大数据背景下计算机数据处理技术的应用

第一节　大数据的数据获取

一、数据获取

数据的分类方法有很多种，按数据形态可以分为结构化数据和非结构化数据两种。结构化数据如传统的数据仓库数据，非结构化数据有文本数据、图像数据、自然语言数据等。

结构化数据和非结构化数据的区别从字面上就很容易理解，结构化数据，结构固定，每个字段固定的语义和长度，计算机程序可以直接处理；而非结构化数据，计算机程序无法直接处理，须先对数据进行格式转换或信息提取。

按数据的来源和特点，数据又可以分为网络原始数据、用户面详单信令、信令数据等。例如运营商数据是一个数据集成，包括用户数据和设备数据。但是运营商的数据又有如下特点。

一是数据种类复杂，结构化、半结构化、非结构化数据都有。运营商的设备基于传统设计的原因，很多都是根据协议来实现的，所以数据的结构化程度比较高，结构化数据易于分析，这点相比其他行业有天然的优势。

二是数据实时性要求高，如信令数据都是实时消息，如果不及时获取就会丢失。

三是数据来源广泛，各个设备数据产生的速度及传送速度都不一样，因而数据关联是一大难题。

让数据产生价值的第一步是数据获取，下面介绍数据获取和数据分发的相关技术。

二、数据获取探针

（一）探针原理

打电话、手机上网背后承载的都是网络的路由器、交换机等设备的数据交换。从网络的路由器、交换机上把数据采集上来的专有设备是探针。根据探针放置的位置不同，可分为内置探针和外置探针两种。

内置探针，探针设备和通信商已有设备部署在同一个机框内，直接获取数据。

外置探针，在现网中，大部分网络设备早已经部署完毕，无法移动原有网络，这时就需要外置探针。外置探针主要由以下几个设备组成。

Tap/分光器：对承载在铜缆、光纤上传输的数据进行复制，并且不影响原有两个网元间的数据传输。

汇聚LAN Switch：汇聚多个Tap/分光器复制的数据，上报给探针服务器。

探针服务器：对接收到的数据进行解析、关联等处理，生成外部数据表示（External Data Representation，XDR），并将XDR上报给分析系统，作为其数据分析的基础。

探针通过分光器获取到数据网络中各个接口的数据，然后发送到探针服务器进行解析、关联等处理。经过探针服务器解析、关联的数据，最后送到统一分析系统中进行进一步的分析。

（二）探针的关键能力

1.大容量

探针设备需要和电信已有的设备部署在一起。一般来说，原有设备的机房空间有限，所以探针设备的高容量、高集成度是非常关键的能力。

探针负责截取网络数据并解析出来，其中最重要的是转发能力，对网络的要求很高。高性能网络是大容量的保证。

2.协议智能识别

传统的协议识别方法采用浅层包检测（Shallow Packet Inspection，SPI）技术。SPI对IP包头中的"5 Tuples"，即"五元组（源地址、目的地址、源端口、目的端口及协议类型）"信息进行分析，来确定当前流量的基本信息。传统的IP路由器正是通过这一系列信息来实现一定程度的流量识别和服务质量（Quality of Service，QoS）保障的，但SPI仅仅分析IP包四层以下的内容，根据TCP/UDP的端口来识别应用。这种端口检测技术检测效率很高，但随着IP网络技术的发展，其适用的范围越来越小，目前仍有一些传统网络应用协议使用固定的知名端口进行通信。因此，对这一部分网络应用流量，可以采用端口检测技术进行识别。例如DNS协议采用53端口，BGP协议采用179端口。

微软远程过程调用（MSRPC）采用135端口。

许多传统和新兴应用采用了各种端口隐藏技术来逃避检测，如在8000端口上进行HTTP通信、在80端口上进行Skype通信、在2121端口上开启FTP服务等。因此，仅通过第四层端口信息已经不能真正判断流量中的应用类型，更不能应对基于开放端口、随机端口，甚至采用加密方式进行传输的应用类型。要识别这些协议，无法单纯依赖端口检测，而必须在应用层对这些协议的特征进行识别。

除了逃避检测的情况外，目前还出现了运营商和OTT（Over-The-Top）合作的场景，如脸书包月套餐，在这种情况下，运营商可以基于OTT厂商提供的IP、端口等配置信息进行计费。但是这种方式有很大的限制，如系统配置的IP和端口数量有限、OTT厂商经常改变或者增加服务器造成频繁修改配置等。协议智能识别技术能够深度分析数据包所携带的$L3 \sim L7/L7^+$的消息内容、连接的状态/交互信息（如连接协商的内容和结果状态、交互消息的顺序等）等信息，从而识别出详细的应用程序信息（如协议和应用的名称等）。

3.安全的影响

探针的核心能力是获取通信的数据，但随着越来越多的网站使用HTTPS/QUIC（Quick UDP Internet Connection，基于UDP的低时延互联网传输协议）加密L7协议，传统的探针能力就会受到极大的限制，因而无法解析L7协议的内容。

三、网页采集与日志收集

大量的数据散落在互联网中，要分析互联网上的数据，需要先把数据从网络中获取下来，这就需要网络爬虫技术。

（一）网络爬虫

1.基本原理

网络爬虫是搜索引擎抓取系统的重要组成部分，其主要目的是将互联网上的网页下载到本地，形成一个互联网内容的镜像备份。下面，主要对网络爬虫及抓取系统的原理进行基本介绍。

网络爬虫的基本工作流程如下：

①首先选取一部分种子URL；

②将这些URL放入待抓取的URL队列；

③从待抓取URL队列中取出待抓取的URL，解析DNS，得到主机的IP，并将URL对应的网页下载下来，存储到已下载网页库中，此外，还须将这些URL放入已抓取URL队列；

④分析已抓取到的网页内容中的其他URL，并且将URL放入待抓取URL队列，从而进入下一个循环；

⑤已下载未过期网页；

⑥已下载已过期网页，抓取到的网页实际上是互联网内容的一个镜像与备份，互联网是动态变化的，一部分互联网上的内容已经发生变化，这时这部分抓取到的网页就已经过期了；

⑦待下载网页，也就是待抓取URL队列中的那些页面；

⑧可知网页，还没有抓取下来，也没有在待抓取URL队列中，但是可以通过对已抓取页面或者待抓取URL对应页面进行分析获取URL，这些网页被称为可知网页；

⑨还有一部分网页爬虫是无法直接抓取下载的，这些网页被称为不可知网页。

2.抓取策略

在爬虫系统中，待抓取URL队列是很重要的一部分。待抓取URL队列中的URL以什么样的顺序排列也是一个很重要的问题，因为其决定了先抓取哪个页面、后抓取哪个页面。而决定这些URL排列顺序的方法叫作抓取策略。下面，重点介绍六种常见的抓取策略。

（1）深度优先遍历策略

深度优先遍历策略是指网络爬虫会从起始页开始，一个链接一个链接地跟踪下去，处理完这条线路之后再转入下一个起始页，继续跟踪链接。

（2）宽度优先遍历策略

宽度优先遍历策略的基本思路是，将新下载网页中发现的链接直接插入待抓取 URL 队列的末尾。也就是说网络爬虫会先抓取起始网页中链接的所有网页，然后再选择其中的一个链接网页，继续抓取此网页中链接的所有网页。

（3）反向链接数策略

反向链接数是指一个网页被其他网页链接指向的数量。反向链接数表示的是一个网页的内容受到其他人推荐的程度。因此，很多时候搜索引擎的抓取系统会使用这个指标来评价网页的重要程度，从而决定不同网页的抓取顺序。

在真实的网络环境中，由于广告链接、作弊链接的存在，反向链接数不可能完全等同于网页的重要程度。因此，搜索引擎往往考虑一些可靠的反向链接数。

（4）Partial PageRank 策略

Partial PageRank 策略借鉴了 PageRank 策略的思想，即对于已经下载的网页，连同待抓取 URL 队列中的 URL，形成网页集合，计算每个页面的 PageRank 值；计算完成后，将待抓取 URL 队列中的 URL 按照 PageRank 值的大小排列，并按照该顺序抓取页面。

如果每次只抓取一个页面，则要重新计算 PageRank 值。一种折中的方案是，每抓取 K 个页面后，重新计算一次 PageRank 值。但是这种情况还会产生一个问题，即对于已经下载下来的页面中分析出的链接，也就是未知网页部分，暂时是没有 PageRank 值的。为了解决这个问题，会赋予这些页面一个临时的 PageRank 值，即将这个网页所有入链传递进来的 PageRank 值进行汇总，这样就形成了该未知页面的 PageRank 值，从而参与排序。

（5）OPIC 策略

在线页面重要性计算（Online Page Importance Computation，OPIC）策略实际上也是对页面进行重要性打分。在策略开始之前，给所有页面一个相同的初始现金（Cash）。当下载了某个页面 P 之后，将 P 的现金分摊给所有从 P 中分析出的链接，并且将 P 的现金清空。对于待抓取 URL 队列中的所有页面，按照现金数进行排序。

（6）大站优先策略

对于待抓取 URL 队列中的所有网页，根据所属的网站进行分类；对于待下载页面数多的网站，则优先下载。这种策略也因此被叫作大站优先策略。

3.更新策略

互联网是实时变化的，具有很强的动态性。网页更新策略主要用来决定何时更新之前已经下载的页面。常见的更新策略有以下三种：

（1）历史参考策略

顾名思义，历史参考策略是指根据页面以往的历史更新数据，预测该页面未来何时会发生变化。一般来说，是通过泊松过程进行建模来预测的。

（2）用户体验策略

尽管搜索引擎针对某个查询条件能够返回数量巨大的结果，但是用户往往只关注前几页结果。因此，抓取系统可以优先更新那些在查询结果中排名靠前的网页，然后再更新排名靠后的网页。这种更新策略也需要用到历史信息。用户体验策略保留网页的多个历史版本，并且根据过去每次的内容变化对搜索质量的影响得出一个平均值，将该值作为决定何时重新抓取的依据。

（3）聚类抽样策略

两种更新策略都有一个前提，即需要网页的历史信息。这样就会存在两个问题：第一，系统如果为每个网页保存多个历史版本信息，则无疑增加了系统负担；第二，如果新的网页完全没有历史信息，则无法确定更新策略。

聚类抽样策略认为，网页具有很多属性，类似属性的网页可以认为其更新频率也是类似的。要计算某个类别网页的更新频率，只须对这类网页进行抽样，以它们的更新周期作为整个类别的更新周期。

4.系统架构

一般来说，分布式抓取系统需要面对的是整个互联网上数以亿计的网页，单个抓取程序不可能完成这样的任务，往往需要多个抓取程序一起来处理。一般来说，抓取系统往往是一个分布式的三层结构。

最底层是分布在不同地理位置的数据中心，在每个数据中心有若干台抓取服务器，而每台抓取服务器上可能部署了若干套爬虫程序，这就构成了一个基本的分布式抓取系统。

对于一个数据中心里的不同抓取服务器，其协同工作的方式有以下两种：

（1）主从式

对主从式而言，有一台专门的主（Master）服务器来维护待抓取URL队列，它负责每次将URL分发到不同的从（Slave）服务器，而从服务器则负责实际的网页下载工作。主服务器除了维护待抓取URL队列及分发URL外，还要负责调解各从服务器的负载情况，以免某些从服务器过于清闲或者劳累。在这种模式下，主服务器往往容易成为系统"瓶颈"。

（2）对等式

在这种模式下，所有的抓取服务器在分工上没有区别。每台抓取服务器都可以从待抓取URL队列中获取URL，然后对该URL的主域名计算哈希（Hash）值H，然后计算H值mod其m，计算得到的数值就是处理该URL的主机编号。

一致性Hash算法对URL的主域名进行Hash运算，映射范围在$0 \sim 232$的某个数；然后将这个范围平均分配给m台服务器，根据URL主域名Hash运算的值所处的范围判断由哪台服务器来进行抓取。

如果某台服务器出现问题，那么原本由该服务器负责的网页则按照顺时针顺延，由下一台服务器进行抓取。这样，即使某台服务器出现问题，也不会影响其他服务器的正常工作。

（二）日志收集

任何一个生产系统在运行过程中都会产生大量的日志，日志往往隐藏了很多有价值的信息。在没有分析方法之前，这些日志存储一段时间后就会被清理。随着技术的发展和分析能力的提高，日志的价值被重新重视起来。在分析这些日志之前，需要将分散在各个生产系统中的日志收集起来。这里介绍广泛应用的Flume日志收集系统。

1.概述

Flume是Ckmdera公司的一款高性能、高可用的分布式日志收集系统，现在已经是Apache的顶级项目。同Flume相似的日志收集系统还有Facebook Scribe、Apache Chuwka。

2.Flume发展历程

Flume初始的发行版本目前被统称为Flume OG（Original Generation），属于Cloudera。但随着Flume功能的扩展，Flume OG代码工程臃肿、核心组件设计不合理、核心配置不标准等缺点逐渐显露出来，尤其是在Flume OG的最后一个发行版本0.94.0中，日志传输不稳定现象尤为严重。为了解决这些问题，Cloudera

完成了Flume-728，对Flume进行了里程碑式的改动，即重构核心组件、核心配置及代码架构，重构后的版本统称为Flume NG（Next Generation）；改动的另一原因是将Flume纳入Apache旗下，Cloudera Flume更名为Apache Flume。

3.Flume架构分析

（1）系统特点

①可靠性

当节点出现故障时，日志能够被传送到其他节点上而不会丢失。Flume提供了三种级别的可靠性保障，从强到弱依次为：End-to-End（收到数据后，Agent首先将事件写到磁盘上，当数据传送成功后，再删除；如果数据发送失败，则重新发送）、Store on Failure（这也是Scribe采用的策略，当数据接收方崩溃时，将数据写到本地，待恢复后继续发送）、Best Effort（数据发送到接收方后，不会进行确认）。

②可扩展性

Flume采用了二层架构，分别为Agent、Collector和Storage，每一层均可以水平扩展。其中，所有的Agent和Collector均由Master统一管理，这使得系统容易被监控和维护，并且Master允许有多个（使用ZooKeeper进行管理和负载均衡），这样就避免了单点故障问题。

③可管理性

当有多个Master时，Flume利用ZooKeeper和Gossip保证动态配置数据的一致性。用户可以在Master上查看各个数据源或者数据流执行情况，并且可以对各个数据源进行配置和动态加载。Flume提供了Web和Shell Script Command两种形式对数据流进行管理。

④功能可扩展性

用户可以根据需要添加自己的Agent、Collector或Storage。此外，Flume自带了很多组件，包括各种Agent（如File、Syslog等）、Collector和Storage（如File、HDFS等）。

（2）系统架构

①Collector

Collector的作用是将多个Agent的数据汇总后，加载到Storage中。它的Source和Sink与Agent类似。Source如下：

collectorSource [(port)]: Collector Source，监听端口汇聚数据。

autoCollectorSource: 通过Master协调物理节点自动汇聚数据。logicalSource: 逻辑Source，由Master分配端口并监听rpcSink。Sink如下：

collectorSink (fsdir, "fsfileprefix", rollmillis): 数据通过Collector汇聚之后发送到HDFS，fsdir是HDFS目录，fsfileprefix为文件前缀码。

customdfs ("hdfspath" [,"format"])：自定义格式DFS。

②Storage

Storage是存储系统，可以是一个普通File，也可以是HDFS、Hive、HBase、分布式存储等。

③Master

Master负责管理、协调Agent和Collector的配置信息，是Flume集群的控制器。

在Flume中，最重要的抽象是Data Flow（数据流）。Data Flow描述了数据从产生、传输、处理到最终写入目标的一条路径。

Agent数据流配置就是从哪里得到数据，就把数据发送到哪个Collector。

对于Collector，就是接收Agent发送过来的数据，然后把数据发送到指定的目标机器上。

注：Flume框架对Hadoop和ZooKeeper的依赖只存在于JAR包上，并不要求Flume启动时必须是Hadoop和ZooKeeper服务同时启动。

第二节　数据的可视化分析

一、绘图基础分析

数据的直观印象通常来自关于数据的各种图形，即通过数据可视化，利用各种图形直观地展示数据的分布特点，包括单个数值型变量或分类型变量的统计分布特征、多个变量的联合分布特征，以及变量间的相关性等方面。这是获得数据直观印象的思路和主体脉络，也是数据挖掘的重要方面。

R的图形绘制功能强大，图形种类丰富，在数据可视化方面优势突出。基础包中的绘图函数一般用于绘制基本统计图形，大量绘制各类复杂图形的函数一般包含在共享包中。为此，须首先掌握以下基本知识：

（一）R的数据可视化平台是什么

R的数据可视化平台是图形设备和图形文件。

R的图形并不显示在R的控制台中，而是默认输出到一个专用的图形窗口中。这个图形窗口被称为K的图形设备。R允许多个图形窗口同时被打开，图形可分别显示在不同的图形窗口中，即允许同时打开多个图形设备用以显示多组图形。为此，图形设备管理就显得较为重要。

R的每个图形设备都有自己的编号。当执行第一条绘图语句时，第一个图形设备被自动创建并打开，其编号为2（1被空设备占用）。后续创建打开的图形设备将依次编号为3、4、5等。某一时刻只有一个图形设备能够"接收"图形，该图形设备称为当前图形设备。换而言之，图形只能输出到当前图形设备中。若希望图形输出到其他某个图形设备中，则必须指定它为当前图形设备。

（二）R的图形组成和图形参数

R的图形由多个部分组成，主要包括主体、坐标轴、坐标标题、图标题四个必备部分。绘制图形时，一方面应提供用于绘图的数据，另一方面还须对图形各部分的特征加以说明。以图6-1所示的各车型车险理赔次数的箱线图为例，绘图时须给出各车型车险理赔次数数据，同时还要说明，图形主体部分是箱线图，横、纵坐标的标题分别为车型和理赔次数，图标题为不同车型车险理赔次数箱线图等。

尽管图形各组成部分有默认的特征取值，R称为图形参数值，但默认的图形参数值不可能完全满足用户的个性化需要，所以根据具体情况设置和调整图形参数的参数值是必要的。

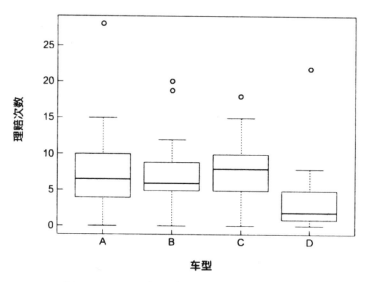

图6-1　不同车型车险理赔次数箱线图

R的图形参数与图形的组成部分相对应，各图形参数均有各自固定的英文表述。图形参数取不同的参数值，所呈现出来的图形特征也就不同。归纳起来，与图形必备部分相对应的图形参数主要有以下四大类：

1.图形主体部分的参数

图形主体部分的参数见表6-1。

图6-2第1~5行所示为pch，依次取值0~25对应的符号。图6-3第1~6行所示为lty，依次取值1~6对应的线型。

col颜色包括灰色系和其他颜色系。灰色系的表示方式为：col=gray（灰度值），灰度值在0~1范围内取值，值越大灰度越浅。其他颜色系的表示方式为：col=色彩编号，不同编号对应不同的颜色；或者col=rainbow（ra），即利用rainbow函数自动生成n个色系上相邻的颜色；或者col=rgb（），即利用调色板生成各种颜色。

表6-1　图形主体部分的参数

类别	特征	表述
	类型	pch
符号	大小	cex
	填充色	bg

（续表）

类别	特征	表述
线条	线型	lty
	宽度	lwd
颜色	颜色	col

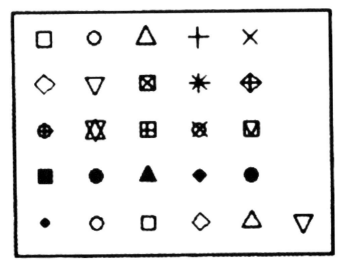

图6-2　pch参数值对应的符号

图6-3　lty参数值对应的线形

2.坐标轴部分的参数

坐标轴部分的参数见表6-2。

表6-2　坐标轴部分的参数

类别	特征	表述
刻度	位置	at
	长度和方向	tcl
刻度范围	横坐标范围	xlim
	纵坐标范围	ylim
刻度文字	文字内容	label
	文字颜色	col.axis
	文字大小	cex.axis
	文字字体	font.axis

3.坐标标题部分的参数

坐标标题部分的参数见表6-3。

表6-3　坐标标题部分的参数

类别	特征	表述
标题内容	横坐标内容	xlab
	纵坐标内容	ylab
标题文字	文字颜色	col.lab
	文字大小	cex.lab
	文字字体	font.lab

4.图标题部分的参数

图标题部分的参数见表6-4。

表6-4　图标题部分的参数

类别	特征	表述
标题内容	主标题内容	main
	副标题内容	sub
主标题文字	文字颜色	col.main
	文字大小	cex.main
	文字字体	font.main
副标题文字	文字颜色	col.sub
	文字大小	cex.sub
	文字字体	font.sub

（三）R 的图形边界和布局

图形边界是指图形四周空白处的宽度，表述为mai或mar，它们均为包含四个元素的向量，依次设置图形下边界、左边界、上边界、右边界的宽度。mai的计量单位为英寸（约为2.54厘米），mar的计量单位为英分（英寸的八分之一）。

所谓图形布局是指，对于多张有内在联系的图形，若希望将它们共同放置在一张图上，应按怎样的布局组织它们。具体来讲，就是将整个图形设备划分成几行几列，按怎样的顺序摆放各个图形，各个图形上下左右的边界是多少等。设置图形布局的函数为par，基本书写格式如下：

par（mfrow=c (行数，列数), mar=c (n_1, n_2, n_3, n_4)）

或者

par（nfcol=c (行数，列数), mar=c (n_1, n_2, n_3, n_4)）

其中，行数和列数分别表示将图形设备划分为指定的行和列。mfrow表示逐行按顺序摆放图形，nfcol表示逐列按顺序摆放图形；mar参数用来设置整体图形的下边界、左边界、上边界、右边界的宽度，分别为n_1, n_2, n_3, n_4。

par函数设置的图形布局较为规整，各图形按行列单元格依次放置。若希望图形摆放得更加灵活，可利用layout函数进行布局设置。为此，需要首先定义一个布局矩阵，然后调用layout函数设置布局，最后显示图形布局。

第一步，定义布局矩阵。

布局矩阵的定义仍采用matrix函数，不同的是矩阵元素值表示图形摆放顺序，0表示不放置任何图形。

例如图形布局为2行2列，且第1行放置第一幅图（该图较大，须横跨第1、第2列），第2行的第2列放置第二幅图。

MyLayout < -matrix (c (1, 1, 0, 2), nrow=2, ncol=2, byrow=TRUE)

MyLayout

[,1][,2]

[1,]　1 1

[2,]　0 2

第二步，设置布局对象。

调用layout函数设置图形的布局对象，基本书写格式如下：

layout (布局矩阵名，widths=各列图形宽度比，heights=各行图形高度比，respect=TRUE/)

其中，布局矩阵名是第一步的矩阵名（如上例的MyLayout）；widths参数以向量形式从左至右依次给出各列图形的宽度比例；heights参数以向量形式从上至下依次给出各行图形的高度比例；respect取TRUE表示所有图形具有统一的坐标刻度位，取则允许不同图形有各自的坐标刻度单位。

例如，依据第一步的布局矩阵设置图形布局。

DrawLayout < -layout (MyLayout, widths=c (1,1), heights=c (1,2), respect=TRUE)

该设置表明，两列图有相同的宽度，均为1份宽。第1行的图形高度为1份，第2行的高度为2份。

第三步，显示图形布局。

调用layout.show函数，基本书写格式如下：

layout.show（布局对象名）

其中，布局对象名是第二步的布局对象。

例如显示图形布局：

layout.show（DrawLayout）

于是，R将自动打开一个图形设备，显示的图形布局如图6-4所示。其中，1

的位置放置第一幅图，2的位置放置第二幅图，无数字的位置不放置图形。

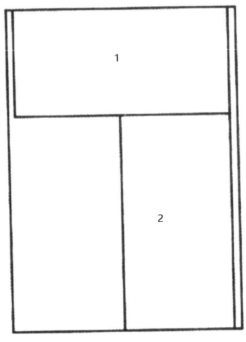

图6-4　图形布局示例

以上五大类参数均有默认的参数值。函数par（　）可看到当前的默认值。

二、地理信息系统数据的可视化解析

地理信息系统（Geographic Information System，GIS）数据，简单讲就是与地理位置有关的一系列数据，包括地理遥感数据、地理统计资料、地理实测数据、地理多媒体数据及地理文本数据等。GIS数据是一种典型的空间数据，通常有以下两种描述方式：

（一）栅格方式

栅格（Raster）方式是将物体表面划分为大小均匀、紧密相邻的网格阵列。每个网格多视为一个像素，且只能存储一个值以对应相应地理位置上的遥感影像、航片、扫描地形图等。以栅格方式描述的空间数据称为栅格型GIS数据，通常用于反映遥感或实测的气象、农作物产量和基础设施建设、生态环境等方面的状况。

（二）矢量方式

矢量（Vector）方式是通过坐标记录的方式精确地表示点、线和多边形等地理实体。以矢量方式描述的空间数据称为矢量型 GIS 数据，通常用于刻画国家或区域的边界、海岸线等。

矢量型 GIS 数据一般包括以下两大部分：①空间数据，即描述地物所在位置的数据，包括点状要素、线状要素、面状要素的坐标数据；②属性数据，即描述地物特征的定性或定量数据，如地物编码、面积、中心位置的经纬度坐标等。

三、文本词频数据的可视化分析

文本挖掘是数据挖掘的重要应用之一。文本挖掘的基本任务是计算文本中各个词的词频，并试图利用词频反映文本的核心内容。若已获得了文本中各个词及它们的词频数据，可视化词频的图形工具是词云图。

绘制词云图的函数是 wordcloud 包中的 wordcloud 函数。须首先下载并加载 wordcloud 包到 R 的工作空间中，然后再调用 wordcloud 函数。wordcloud 函数的基本书写格式如下：

wordcloud (words= 词向量, freq= 词频向量, min.ireq=n, max.words=m, random, order=TRUE/)

其中，参数 words 用于存放词的向量，freq 指定相应的词频向量；参数 min. freq 表示词频小于 n 的词将不出现在词云图中；参数 max.words 表示仅词向量中的 m 个词出现在词云图中，后面的词将不出现，有些高频词将被忽略；random, order 取 TRUE 表示随机画词云图，取表示按词频降序，先画高词频的词，后画低词频的词。通常词频高的词出现在词云图的中部位置。

例如绘制政府工作报告（节选）的词云图，具体代码和部分结果如下：

```
install.packages ("wordcloud")
library ("wordcloud")
wordFreq < -read.table (file="词频示例.txt", header=TRUE, sep=" "} 频数据
head (wordFreq [order (wordFreq$Freq, decreasing=TRUE),])
WordFreq
```

45发展17

187投资12

139贸易11

113经济10

181提高8

23出口7

set.seed（123）#设置随机数种子

wordcloud（words=wordFreq$Word, freq=wordFreq$Freq, random, order=, min.

freq=20）#画词云图

　　本例中，有关词和词频的数据已保存在"词频示例.txt"数据文件中，读取并直接画图即可。对于中文的文本挖掘来讲，分词并计算各个词的词频是绘制词云图的基础，这里并未涉及。

第三节　计算机数据处理机器学习的应用领域

一、互联网领域

　　机器学习和互联网相结合已经不再是什么新鲜事，百度成立三大实验室——大数据实验室、深度学习研究院等，则表明了百度在这一领域的决心和雄心。随着互联网企业用户的积累、软硬件的更新，想创造更大的利润，机器学习必然能起到关键的作用，它与互联网的结合必然也会推动整个互联网产业的一次巨大的发展，是互联网发展的必然趋势。

（一）机器学习与互联网

　　微软亚洲研究院互联网搜索与挖掘组高级研究员李航博士介绍，机器学习是关于计算机基于数据构建模型并运用模型来模拟人类智能活动的一门学科。机器学习实际上体现了计算机向智能化发展的必然趋势。现在当人们提到机器学习时，通常是指统计机器学习或统计学习。实践表明，统计机器学习是实现计算机智能化这一目标的最有效手段。

　　机器学习最大的优点是它具有泛化能力，也就是可以举一反三。无论是在什么样的图片中，甚至是在抽象画中，人们能够轻而易举地找出其中的人脸，这种能力就是泛化能力。

互联网搜索有两大挑战和一大优势：挑战包括规模挑战与人工智能挑战，优势主要是规模优势。

规模挑战。例如，搜索引擎能看到万亿量级的网址，每天有几亿、几十亿的用户查询，需要成千上万台的机器抓取、处理、索引网页，为用户提供服务。这需要系统、软件、硬件等多方面的技术研发与创新。

人工智能挑战。搜索最终是人工智能问题。搜索系统需要帮助用户尽快、尽准、尽全地找到信息。这从本质上需要对用户需求如查询语句，以及互联网上的文本、图像、视频等多种数据进行"理解"。现在的搜索引擎通过关键词匹配及其他"信号"，能够在很大程度上帮助用户找到信息。但是，这还是远远不够的。

规模优势。互联网上有大量的内容数据，搜索引擎记录了大量的用户行为数据。这些数据能够帮助我们找到看似很难找到的信息。例如"纽约市的人口是多少""'春风又绿江南岸'的作者是谁"。另外，低频率的搜索行为对人工智能的挑战就更显著。

现在的互联网搜索在一定程度上能够满足用户信息访问的一些基本需求，也是因为机器学习在一定程度上能够利用规模优势去应对人工智能挑战。但距离"有问必答，准、快、全、好"这一理想还是有一定距离的，这就需要开发出更多更好的机器学习技术解决人工智能的挑战。

（二）机器学习与信息安全

机器学习与信息安全的结合，可以从以下三点切入：入侵检测系统、木马检测、漏洞扫描。

1.入侵检测系统

入侵检测技术是近20年出现的一种主动保护自己免受攻击的网络安全技术，它在不影响网络性能的情况下对网络进行检测，从而提供对内部攻击、外部攻击和误用操作的实时保护。它通过手机和分析网络行为、安全日志、审计数据、其他网络上可以获得的信息，以及计算机系统中若干关键点的信息，检查网络或系统中是否存在违反安全策略的行为和被攻击的迹象。入侵检测因此被认为是防火墙之后的第二道安全闸门，在不影响网络性能的情况下对网络进行监测。入侵检测通过执行以下任务来实现其功能：监视、分析用户及系统活动；系统构造和弱点审计；识别已知进攻活动的模式并向相关人士报警；异常行为模式的统计分析；评估重要系统和数据文件的完整性；操作系统的审计跟踪管理并识别用户违反安全策略的行为。从分类角度指出入侵包括尝试性闯入、伪装攻击、安全控制系统渗透、泄露、拒绝服务、恶意使用六种类型。正是由于机器学习在入侵检测技术中可以发挥重要作用，因此与机器学习和人工智能的入侵检测模型和系统层出不穷，提出了在不同检测技术的入侵检测系统间相互学习的入侵检测模型"ZWP10"、基于新颖发现算法的入侵检测系统"GYN09"等模型，丰富了其在信息安全领域的应用。

2.木马检测

网页木马是利用网页来进行破坏的病毒，它包含在恶意网页之中，通过使用脚本语言编写恶意代码，利用浏览器或者浏览器插件存在的漏洞来实现病毒的传播。当用户登录了包含网页病毒的恶意网站时，网页木马便会被激活，受影响的系统一旦感染网页病毒，就会被植入木马病毒、盗取密码等恶意程序。

目前，对网页木马的分析方法主要分为动态分析和静态分析。动态分析主要有高交互式蜜罐和低交互式蜜罐两种方式。高交互式蜜罐使用真实的带有漏洞的系统，其优点是能够捕获零日漏洞"CH11"；低交互式蜜罐则是仿真模拟漏洞来捕获恶意代码，其主要优点是统一部署且风险性小，且主要缺点是不能发现利用零日漏洞的未知攻击。静态分析主要是利用特征码匹配来识别恶意代码，受到了加密和混淆的严峻挑战。

北京大学互联网安全技术北京市重点实验室根据蜜罐技术，提出了网页木马收集和重放方法"CH11"，尽可能收集和记录所有感染路径的相关信息，完整地收集了整个木马场景，然后使用了Weka提供的决策树分类算法，根据建好的决策树模型来决定每个网页属于哪个类别。

3.漏洞扫描

漏洞扫描就是对计算机系统或者其他网络设备进行安全相关的检测，以找出安全隐患和可被黑客利用的漏洞。显然，漏洞扫描软件是把双刃剑，黑客利用它入侵系统，而系统管理员掌握它以后又可以有效地防范黑客入侵。因此，漏洞扫描是保证系统和网络安全必不可少的手段，必须仔细研究利用。

第一种是被动式策略，第二种是主动式策略。所谓被动式策略就是基于主机之上，对系统中不合适的设置、脆弱的口令及其他同安全规则抵触的对象进行检查；而主动式策略是基于网络的，它通过执行一些脚本文件模拟对系统进行攻击的行为并记录系统的反应，从而发现其中的漏洞。利用被动式策略扫描称为系统安全扫描，利用主动式策略扫描称为网络安全扫描。

（三）机器学习与物联网

物联网是新一代信息技术的重要组成部分，顾名思义，物联网就是物物相连的互联网，其实现方式主要是通过各种信息传感设备，实时采集任何需要监控、连接、互动的物体或过程等各种需要的信息，与互联网结合形成的一个巨大网络。其目的是实现物与物、物与人，所有的物品与网络的连接，方便识别、管理和控制。

物联网的组成可归纳为以下四个部分：①物品编码标识系统，它是物联网的基础；②自动信息获取和感知系统，它解决信息的来源问题；③网络系统，它解决信息的交互问题；④应用和服务系统，它是建设物联网的目的。

在物联网的基础层，信息的采集主要靠传感器来实现，视觉传感器是其中最重要也是应用最广泛的一种。研究视觉传感器应用的学科即是机器视觉，机器视觉相当于人的眼睛，主要用于检测一些复杂的图形识别任务。现在越来越多的项目都需要用到这样的检测，如 AOI 上的标志点识别、电子设备的外观瑕疵检测、食品药品的质量追溯及 AGV 上的视觉导航等，这些领域都是机器视觉大有用途的地方。同时，随着物联网技术的持续发酵，机器视觉在这一领域的应用正在引起大家的广泛关注。

在自动信息获取和感知系统中，用到最多的技术是自动识别技术，它是指条码、射频、传感器等通过信息化手段将与物品有关的信息通过一定的方法自动输入计算机系统的技术的总称。自动识别技术在 20 世纪 70 年代初步形成规模，它帮助人们快速地进行海量数据的自动采集，解决了应用中由于数据输入速度慢、出错率高等造成的"瓶颈"问题。目前，自动识别技术被广泛地应用在商业、工业、交通运输业、邮电通信业、物资管理、仓储等行业，为国家信息化建设做出了重要贡献。在目前的物联网技术中，基于图像传感器采集后的图像，一般通过图像处理来实现自动识别。条码识读、生物识别（人脸、语音、指纹、静脉）、图像识别、OCR光学字符识别等，都是通过机器视觉图像采集设备采集到目标图像，然后通过软件分析对比图像中的纹理特征等，实现自动识别。目前国内机器视觉厂商中，视觉产品在物联网行业中应用较多的有维视图像，其产品在该行业的主要应用方向，如基于图像处理技术的织物组织自动识别、指纹自动识别、条纹痕迹图像处理自动识别、动物毛发及植物纤维显微自动识别等。

我们可以提供一些简单的应用案例，来说明机器视觉在物联网行业的应用。当司机出现操作失误时汽车会自动报警，失误由视觉硬件采集图像反应，然后由图像处理软件做出判断，并将信号传送给中央处理器；公文包会提醒主人忘带了什么东西——已经携带的物品与数据库内原有的物品进行对比确认，也是通过机器视觉的办法实现的；当搬运人员卸货时，一只货物包装可能会大叫"你扔疼我了"，或者说"亲爱的，请你不要太野蛮，可以吗"；当司机在和别人扯闲话，货车会装作老板的声音怒吼："笨蛋，该发车了!"特别是复杂情况下，单一类型的传感器无法取得全面的信息，而视觉系统是人类取得信息量最大的一个系统，对应实现其功能的机器视觉系统，可以帮助物联网在基础层面方便、快捷地获取大量的信息，支撑后期的判断处理。

从当前的物联网发展形势来看，逐步形成了长江三角洲、珠江三角洲、环渤海地区、中西部地区四大核心区域。这四大区域目前形成了中国物联网产业的核心产业带，呈现出物联网知识普及率高、产业链完善、研发机构密集、示范基地和工程起步早的特点。在这些区域，已经建设了很多基于感知、监测、控制等方面的示范型工程，特别是在智能家居、智能农业、智能电网等方面，成绩比较突出，在矿山感知、电梯监控、智能家居、农业监控、停车场、医疗、远程抄表等方面都取得重大突破。

二、商业领域

（一）业务流程自动化

机器再造工程是一种使用机器学习实现业务流程自动化的方式。尽管机器再造工程是一项新兴技术，在众多企业中已经看到了显著成效，尤其是在提高运作速度和效率方面。通过研究168个早期就开始试用这项技术的组织或企业，我们发现绝大部分业务流程的运作速度都有了两倍以上的提升，一些组织报告说速度的提升甚至达到了10倍以上。

这些企业组织是如何做到的呢？我们研究发现，这些企业通过机器再造工程建立新型人机合作模式，从而打破了复杂的数字化流程的瓶颈。在一些情况下，如图像分析和撰写报告，机器再造工程技术直接帮助员工去执行数字任务。在其他情况下，这项技术帮人们从繁冗的数据里激发灵感、找到关键。以下是企业如何通过机器再造工程技术提高速度和效率的几个例子：

1.扫描图像、声音和文本

在企业实行数字战略的同时，产生了一种新的高强度工作任务，即处理公司收集到的所有数据。这些数据是高度无结构的，而且有各种格式，这意味着人们需要花很大的精力去逐个扫描来获取需要的数据，尔后完成流程当中的一步。以数字化数据扫描为核心的人机合作模式至少能够提高三种常规数据处理任务的速度。

2.视频预览

某创业公司利用机器学习来识别视频中的人物、物体和场景，其分析识别速度远远快于人类。在演示中，处理一段3.5分钟的视频片段只需要10秒。这项技术能识别视频中不同类型的人物，如说登山者，可以帮助广告商更好地将广告和视频结合起来。它还能用来帮助视频编辑和策展团队发现组织视频集锦及编辑视频脚本的新方法。这个自动编辑助手极大地改变了媒体、广告和电影产业工作者的日常工作模式。

3.挖掘数据内部价值

随着工作流程中数据量的增加，分析、处理数据所需要的时间也随之增加。我们在股票交易、市场营销和工业制作的过程中已经能看到这样的现象。大量数据的涌入会让我们更难寻找到关键的、有意义的信息。但有了机器这个帮手，人们可以更快地从大数据中挖掘出有价值的见解。研究表明，企业至少在四种数据分析任务中证明了这一点。

（二）推荐系统

当今社会，机器学习被广泛应用在金融、商业、市场、工厂等各个重大的领域，包括用来预测信用卡的诈骗、识别拦截垃圾邮件及图像识别等。就机器学习在金融领域来讲，有以下两个常见的例子。

1.对市场价格的预测

对市场价格的预测主要包括对商品价格变动的分析，可归为对影响市场供求关系的诸多因素的综合分析。传统的统计经济学方法因其固有的局限性，难以对价格变动做出科学的和准确的预测，而机器学习中的神经网络能够处理不完整的、模糊不确定的或规律性不明显的数据，所以用神经网络进行价格预测是有着传统方法无法比拟的优势。从市场价格的确定机制出发，依据影响商品价格的家庭户数、人均可支配收入、贷款利率、城市化水平等复杂、多变的因素，建立较为准确可靠的模型。该模型可以对商品价格的变动趋势进行科学预测，并得到准确、客观的评价结果。

2.风险评估

风险是指在从事某项特定活动的过程中，因其存在的不确定性而产生的经济或财务的损失、自然破坏或损伤的可能性。防范风险的最佳办法就是事先对风险做出科学的预测和评估。应用机器学习中神经网络的预测思想是根据具体现实的风险来源，构造出适合实际情况的信用风险模型的结构和算法，得到风险评价系数，然后确定实际问题的解决方案。利用该模型进行实证分析能够弥补主观评估的不足，可以取得满意效果。

三、农业信息化建设领域

（一）数字农业

随着农业信息化的迅速发展，作物图像信息成为农业大数据的主体。

农业是一个复杂的生命系统，具有典型的生态区域性和生理过程复杂性。信息技术是推动社会经济变革的重要力量，加速信息化发展是世界各国的共同选择。我国是个农业大国，对农业信息化技术与科学有着巨大需求。我国农业信息技术通过多年的发展，大量的国家级项目得以成功实施，如"土壤作物信息采集与肥水精量实施关键技术及装备""设施农业生物环境数字化测控技术研究应用""北京市都市型现代农业221信息平台研发与应用""黄河三角洲农产品质量安全追溯平台"，农业信息化取得了丰硕成果。

农业物联网成为农业信息化系统的重要设施，它将视频传感器节点组建为监控网络，远程监护作物生长，帮助农民及时发现问题。农业物联网运用温度、湿度传感器、pH值、CO_2、光传感器等设备检测生产环境中的诸多农情环境参数，通过仪器仪表实时显示和自动控制，保证一个良好的、适宜农作物的生长环境。它能设定作物栽培的最优条件，为环境精确调控提供了科学依据，从而提高产量、优化农产品品质、改善生产力水平。在此过程中，随着农业物联网的迅速发展，农业大数据现象急剧凸显。

伴随着农业智能设备及传感器、物联网的普遍应用，海量有价值的农业图像数据和农情信息得以采集存储。如何对这些数据特别是图像数据进行处理，从中发现并提取新颖的农业知识模式，成为发掘项目效益和促进农业生产力发展的关键举措。相对于海量积累的农业数据，机器学习的行业基础技术储备严重不足，农业领域现有处理技术无法满足如此大规模信息的即时分析挖掘需求。如何进行数据处理和学习，挖掘有价值的农业生产知识，使之有效地服务于智慧农业，已经成为现代农业发展的突出科技问题。

（二）机器视觉与农业生产自动化

机器视觉技术在农业生产上的研究与应用，始于20世纪70年代末期，主要研究集中于桃、香蕉、西红柿、黄瓜等农产品的品质检测和分级。由于受到当时计算机发展水平的影响，检测速度达不到实时的要求，处于实验研究阶段。随着电子技术、计算机软硬件技术、图像处理技术及与人类视觉相关的生理技术的迅速发展，机器视觉技术本身在理论和实践上都取得了重大突破。在农业机械上的研究与应用也有了较大的进展，除农产品分选机械外，目前已渗透到收获、农田作业、农产品品质识别及植物生长检测等领域，有些已取得了实用性成果。

农作物收获自动化是机器视觉技术在收获机械中的应用，是近年来最热门的研究课题之一。其基本原理是在收获机械上配备摄像系统，采集田间或果树上作业区域图像，运用图像处理与分析的方法判别图像中是否有目标，如水果、蔬菜等。发现目标后，引导机械手完成采摘。研究涉及西红柿、卷心菜、西瓜、苹果等农产品，但是，由于田间或果园作业环境较为复杂，采集的图像含有大量噪声或干扰，如植物或蔬菜的果实常常被茎叶遮挡，田间光照也时常变化，因此，造成目标信息判别速度较慢，识别的准确率不高。

由于受计算机、图像处理等相关技术发展的影响，机器视觉技术在播种、施肥、植保等农田作业机械中的应用研究起步较晚。农药的粗放式喷洒是农业生产中效率最低、污染最严重的环节，因此需要针对杂草精确喷洒除草剂，针对大田植株喷洒杀虫剂进行病虫害防治。采用机器视觉技术进行农田作业时，需要解决植株秧苗行列的识别、作物行与机器相对位置的确定导向和杂草与植株的识别等主要问题。

农产品品质自动识别是机器视觉技术在农业机械中应用最早、最多的一个方面，主要是利用该项技术进行无损检测。一是利用农产品表面所反映出的一些基本物理特性对产品按一定的标准进行质量评估和分级。需要进行检测的物理参数有尺寸、质量、形状、色彩及表面缺损状态等。二是对农产品内部品质的机器视觉的无损检测。例如，对玉米籽粒应力裂纹机器视觉无损检测技术研究，采用高速滤波法将其识别出来，检测精度为90%，烟叶等级判断的研究在实验室已达到较高的识别效果，与专家分级结果的吻合率约为83%。三是对果梗等情况的准确判别对水果分级具有非常重要的意义。国外学者对果梗识别已进行了不少研究。目前为止，所提出的识别果梗的有关算法均存在计算复杂、速度较慢、判别精度低等问题，还有待于进一步深入研究。由于农产品在生产过程中受到人为和自然生长条件等因素的影响，其形状、大小及色泽等差异很大，很难做到整齐划分及根据质量、大小、色泽等特征进行的质量分级、大小分级，通常只能进行单一指标的检测，不能满足分级中对综合指标的要求，还须配合人工分选，分选的效率不高，准确性较差，也不利于实现自动化。长期以来，品质自动化检测和反馈控制一直是难以实现农产品品质自动识别的关键问题。

设施农业生产中，为了使作物在最经济的生长空间内，获得最高产量、品质和经济效益，达到优质高产的目的，必须提高环境调控技术。利用计算机视觉技术对植物生长进行监测具有无损、快速、实时等特点，它不仅可以检测设施内植物的叶片面积、叶片周长、茎秆直径、叶柄夹角等外部生长参数，还可以根据果实表面颜色和果实大小判别其成熟度及作物缺水缺肥等情况。

（三）作物病害识别

1.作物图像信息自动识别有助于作物病害长势的智能解读及预警

当农民看到小麦地里长出了杂草时，他的第一反应是如何除草。当果农看到果体体表出现腐烂、轮纹或者黑星时，第一反应是"果实得了什么病，该喷什么药，防止其蔓延"。当农业生产环境中的视频感知设备，或者农业机器人感知到类似的图像信息时，大部分设备只是当作什么都没发生，如往常一样把这些信息数字化并记录下来，传输到云端保存起来，这就是视频设备对农情的视而不见。

设备只能采集图像，缺乏加工提取功能，无法得到有价值的信息。对云端的农情图像信息分析识别处理，而使得系统能做出类似智能生命体的响应，这成为解决问题的首要任务。要设备能够"看得见"，关键是具备图像信息的识别功能，农业图像信息识别在生产中有着广泛的应用。

提高农业机械作业的效率。在大田杂草识别方面，采用机器视觉图像信息，基于纹理、位置、颜色和形状等特征，识别作物（玉米、小麦）行间在苗期的杂草，针对性地变量喷洒化学制剂，提高精准农业的效率。

开发高智能水平的农业机器人。在农业机器人视觉领域，中国农业大学实验室研制的农业机器人，成功执行从架上采摘黄瓜放到后置筐的操作过程，它装备了感应智能采摘臂，通过电子眼，可以在80～160厘米高度内定位到成熟黄瓜的空间位置，并且自动地伸出采摘手臂实施采摘，再由机械手末端的柔性手臂根据瓜体表皮软硬度自动紧握黄瓜，再用切刀割断瓜梗，缓缓送入安装在机器人后面的果筐。其中，关键的系统是果实识别，利用黄瓜果实和背景叶片在红外波段呈现较大的分光反射特性上的差异，将果实和叶片从图像中分离。

实时预警和识别作物病虫害。有研究人员基于图像规则与安卓手机的棉花病虫害诊断系统，通过产生式规则专家系统和现场指认式诊断，开发了基于安卓的病害诊断。通过在现场实时获取作物的长势信息，通过智能识别和诊断系统，对其病虫害感染情况做出科学判断。

处理识别非结构化的图像数据成本高，过程复杂。在农业大数据中，结构化的数值数据如气象、土壤等，其含义已经明确，数据和生态环境相关性可以通过农学知识给出，知识挖掘任务主要是探讨其中时间序列的规律以指导农业耕作，其数据容量相比于图像是很小的。图像直观、形象地表达了作物生长、发育、健康状况、受害程度、病因等方方面面的信息。资深农学专家能看懂，悟出其中语义，做出准确把握，对农技措施给出科学指导。让机器视觉设备能实施同样工作，就是研究的终极目标。培养资深专家高昂的社会成本、时间成本和稀缺性，以及大数据的海量、决策紧迫性都使得依靠人力来快速、科学解读农业数据的海量图像信息显得极不现实，图像信息的机器识别对于问题的解决能发挥出巨大的推动作用。

2.作物病害图像识别促进精准、高效、绿色农业发展

农业生产过程中，生理病变和虫害侵袭仍然是妨碍作物生长的基本问题。在病害空间分布、杂草种类不能准确识别的前提下，盲目地、笼统地喷洒化肥、杀虫制剂等化学物质不仅会造成大量浪费，而且会严重污染土壤环境，危及食品、食材安全，影响人类健康。因此，研究如何利用机器视觉和图像感知自动、及时、精确识别作物和杂草，健康作物和病害作物及病变种类就十分必要。

农药残留威胁着生态环境和人类健康。喷洒后的农药，一些附着在农作物表面或渗入其体内，使粮食、蔬菜、水果等受到污染；另一部分飘落在地表或挥发、飘散到空气中，或混入雨水及灌溉排水进入河流湖泊，污染水源和水中生物。残留农药的饲料，使禽畜产品受到污染；还有一部分通过空气、饮水、食物，最后进入人体，引发多种病害。

此外，过量的化学肥料破坏农业生态环境。农田所追加的各品种和形态的化学肥料，都不可能百分之百被作物吸收，不能吸收的部分给农业生产造成大量浪费，给农业环境带来污染。农业要持续发展，必须尽快实施精准农业策略和化学制剂变量追加，降低农业成本和培养市场竞争优势，保护生态环境，实现可持续发展。

利用视频感知和人工智能技术识别病变图像是实现精准农业变量投入的技术前提，成为精准、高效、绿色、安全、可持续农业的基石。近年来，信息加工、机器学习技术取得了长足发展，CPU、内存等硬件性价比也大幅度提高，这些进一步为感知图像的人工智能识别技术在农业信息化领域的应用及科学研究提供了有力支撑，为提高农作物精确化水平提供了可能。

3.研究机器学习的作物病害识别将提高农业信息化的智能化水平

智慧农业将物联网技术运用到传统农业，运用传感器和计算机软件通过移动终端或者电脑平台对农业生产进行控制，使传统农业更具有"智慧"。除了精准感知、控制与决策管理外，从更广的意义上讲，它的内涵还包括农业电子商务、食品溯源防伪、农业信息服务等方面的内容，能便捷地实现农业可视化远程诊断与控制、灾变预警等智能管理。它是农业生产的高级阶段，依托农业生产现场的

各类信息传感节点和无线通信网络实现生产环境的智能感知、智能预警、智能决策、智能分析、专家在线指导，为农业提供精准化生产、智能化决策。

智慧农业的物联网积累了海量有价值的农业数据，物联网数据增长速度越来越快，非结构数据越来越多，"数据泛滥，知识贫乏"也成为智慧农业领域面临的困境。机器学习将提高农业信息系统的智能化水准和大大改善农业信息化服务质量。从实践中不断吸取失败的教训、总结成功的经验，让下一次实践完成得更好，是人类认知的基本路线。让机器也能复制类似的自我学习智能，机器专家成为不断成长寻优的专家，将机器学习智能植入农业智能系统，让智能系统的领域知识动态地自更新、自寻优，从而提高智能系统对农业复杂问题的科学决策水平，延伸农业生产力，这成为机器学习在智慧农业中的终极发展目标。智能和智慧都离不开机器学习，复杂多变的生产环境对智能系统作业精准度提出了更高要求，使得智慧农业日益增长的知识需求和机器学习速度精度之间的矛盾表现得更加突出。研究机器学习技术在作物病害识别中的应用将大大提高农业信息化的智能化水平，推动机器学习新技术有机融入对智慧农业有着积极意义。

四、医疗领域

随着人工智能技术的演进，其在医疗健康领域的应用越发广泛和深入，当下人工智能已不断加速医疗领域的发展，在个人基因、药物研发、新疾病的诊断和控制方面展开了一系列变革。人工智能和机器学习在医疗健康领域的应用正在重塑着整个行业的形貌，并将曾经的不可能变成可能。

在医疗健康领域，活跃着世界上最具创新性的初创公司，它们致力于为人类带来更高质量的生活和更长的生命。软件和信息技术刺激了这些创新的产生和发展，数字化的健康和医疗数据使得医疗的研究和应用进程不断加速。

近年来，以人工智能和机器学习为首的先进技术让软件变得越来越智能和独立，不断加速着健康领域的创新步伐，也使得业界得以在有些领域展开一系列变革，如个人基因、药物研发、新疾病的诊断和控制。

这些技术为医疗健康领域带来了巨大的发展机会，在某一个细分领域拥有差异化和高附加值产品的企业，将会收获巨大的回报。

（一）脑网络

人脑的结构和功能极其复杂，理解大脑的运转机制，是21世纪人类面临的最大的挑战之一，世界各国都投入了大量的人力和物力进行研究。脑科学研究成果一方面将为人类更好地了解大脑、保护大脑、开发大脑潜能等方面做出重要贡献，同时也有助于加深对阿尔茨海默病及其早期阶段即轻度认知功能障碍、帕金森病等脑疾病的理解，找到一系列神经性疾病的早期诊断和治疗新方法。

大量医学和生物方面的研究成果表明，人的认知过程通常依赖于不同神经元和脑区间的交互。近年来，现代成像技术如磁共振成像和正电子发射断层扫描等提供了一种非侵入式的方式来有效探索人脑及其交互模式。

从脑影像数据可进一步构建脑网络，由于脑网络能从脑连接层面刻画大脑功能或结构的交互，脑网络分析已成为近年来脑影像研究中的一个热点。目前，脑网络分析研究主要包括以下两点：一是探索大脑区域之间结构性和功能性连接关系；二是分析一些脑疾病所呈现的非正常连接，从而寻找可能对疾病敏感的一些生物标记。由于增加了具有生物学意义测量的可靠性，从脑影像中学习连接特性对识别基于图像的生物标记展现了潜在的应用前景。

脑网络是对大脑连接的一种简单表示。在脑网络中，节点通常被定义为神经元、皮层或感兴趣区域，而边对应着它们之间的连接模式。根据边的构造方式，可以把脑网络分为以下两种：一是结构性连接网络，指不同神经元之间医学结构上的连接模式，其边一般是（神经元的）轴突或纤维。二是功能性连接网络，是指大脑区域间功能关联模式，其可以通过测量来自功能性磁共振成像或脑电/脑磁数据的神经电生理活动时序信号而获得。如果构建的连接网络的边是有向的，则又称为有效连接网。

脑网络分析提供了一个新的途径来探索脑功能障碍与脑疾病相关的潜在结构性破坏之间的关联。已有研究表明，许多神经和精神疾病能被描述为一些异常的连接，表现为大脑区域之间连接中断或异常整合。例如，阿尔茨海默病人功能性连接网络的小世界特性发生了变化，反映出系统的完整性已被破坏。同时，阿尔茨海默病和轻度认知损伤（Mild Cognitive Impairment，MCI）病人的海马与其他脑区的连接，以及额叶和其他脑区的连接也已改变。目前，有关脑网络分析的研究可以大致分为以下两类：一是基于特定假设驱动的群组差异性测试，如小世界网络、默认模式网络和海马网络等；二是基于机器学习方法的个体分类和预测。

在第一类中，研究工作主要集中在利用图论分析方法寻找疾病在脑网络功能上的障碍，从而揭示患者大脑和正常人大脑之间的连接性差异。通过使用组对比分析的方法，一些研究者已经研究了阿尔茨海默病/轻度认知损伤的大脑网络，并在各种网络中发现了一些非正常连接，包括默认模式网络及其他静息态网络。另外，研究者也分析和发现了精神分裂症中一些非正常的功能性连接。然而，这一类研究主要的限制是一般只寻找支持某种驱动假设的证据，而不能自动完成对个体的分类。

在第二类研究工作中，机器学习方法被用来训练分类模型，从而能够精确地对个体进行分类。例如研究者利用弥散张量图像和功能性磁共振成像（fMRI）构建网络学习模型用于阿尔茨海默病和轻度认知损伤的分类研究。另外，研究者也基于脑网络模型开展其他脑疾病研究，如精神分裂症、儿童自闭症、网络成瘾和抑郁症等。由于能够从数据中自动分析获得规律，并利用规律对未知数据进行预测及辅助寻找可能对疾病比较敏感的生物标记，基于机器学习的脑网络分析已成为一个新的研究热点，并吸引了越来越多研究者的兴趣。

（二）基因功能注释

随着高通量技术如基因芯片、测序的发展，涌现出关于物种的各种高通量数据，如基因表达谱、蛋白相互作用（PPI）、蛋白质结构、基因组突变、表观遗传修饰、转录因子结合位点等。各式各样数据库的建立，使得利用计算机、数学及统计学的方法进行基因功能注释成为可能。近年来，生物信息学家不断地改进算法和策略，试图更加准确地对基因进行功能注释，其中最为常见的是机器学习方法。

机器学习方法用于基因功能注释中。常将输入数据分为正集合和负集合，正集合为具有该功能的基因及其特征，负集合为不具有该功能的基因及其特征。这些特征主要包括提取自蛋白质序列与结构，互作网络包括蛋白质序列长度、分子量、原子数、总平均亲水指数、氨基酸组成、理化特性、二级结构、亚细胞定位、表达等。这些特征输入模型进行训练，以构建该功能的分类器，从而对新基因是否具有该功能进行预测。因此，基因功能注释的机器学习方法可以说是一个多示例多标记学习（Multi-Instance Multi-Label Learning，MIML）的问题。用于训练预测模型的数据集称为训练集。此外，机器学习方法还需要验证集（Validation Set）以调整模型的参数，以及测试集（Test Set）来测试模型的性能。交叉验证和受试者工作特征（Receiver Operating Characteristic，ROC）曲线、PR（Precision Recall）曲线常用于模型预测性能的分析。最常用的评价指标为ROC曲线下面积（Areaunder the ROC Curve，AUC）和PR曲线下面积（Areaunder the PR Curve，AUPRC）等。

（三）中医药配方评估

中医药是一门经验学科，发源于中国黄河流域，很早之前就形成了一门具有特色的学术体系。在漫长的历史进程中，劳动人民有着许多奇妙的创造，涌现了大批中医药领域的名医，并且出现了不同的学派，各个朝代和中医从业者编著了大量相关的名著，并流传下了不断被后人研究的基础中医配方。中国历史上有人人皆知的"神农尝百草……一日而遇七十毒"的传说，这反映了历史中各个时期的人民群众在与病痛、与大自然的不断反抗过程中发现中医药物、累积经验的漫长历程，也真实地描写了中医药的起源。由此可以看出，中医药是几千年中国劳动人民的智慧结晶。

大量的经典书籍、历代积累的方剂，以及现代人们在实践中产生的中医药数据很难依靠人工处理的方法进行中医药理论基础的研究。该过程尤其缓慢，而数据挖掘就是为了解决"数据丰富"与"知识贫乏"之间的矛盾，如果能利用机器学习的方法辅助中医药的研究，就可以大量节省人力成本，同时提高中医药的客观性，从而能够更好地推广中医药。事实上，中药知识的累积就是一个十分长久并且自主应用"机器学习"方法的过程，流传下来的都是积极成功的治疗方法或经验，消极失败的经验被摒弃或者被记录下来以示警戒。依据古人多年的知识经验和实践，人们通过进一步研究而形成了现代中医理论，如方剂的君臣佐使结构、"十八反"研究、药物配伍关系等。

为了提高中医药研究的客观性，许多中医药学者和计算机科学学者使用科学实验、数据分析的方法对中医药进行研究。关联规则、频繁项集、聚类分析和ANN是在中医领域应用最多的方法，从已发表论文来看，已经有研究者将复杂网络应用到中药预测分析上，也有相关人员尝试了使用ANN和支持向量机等方法进行中药指纹图谱模式识别问题研究分析；同样，关联规则和频繁项集也已经被应用到了中药"十八反"的禁忌问题研究上，还有很多将数据挖掘或者机器学习等相关计算机技术与中医药问题相结合的研究，为中医药研究的客观性和自动化提供了一种新的思路。

（四）医学图像处理

医学图像处理的研究始于20世纪70年代，信号获取手段的提高带来图像质量的增强。变形模型分析技术于20世纪80年代发展起来，医学图像处理技术在20世纪80年代中期得到进一步发展。21世纪初，先进高端成像技术开始大规模发展。目前，常用的成像技术包括计算机断层扫描（CT）、核磁共振成像（MRI）、病理学切片成像、超声成像、正电子放射技术成像及X射线成像等。

美国弗吉尼亚大学的萨姆·德怀尔（Sam Dwyer）教授在1984年的国际光学工程学会（SPIE）举办的医学图像处理会议上指出，"医学图像处理的目的是利用各种医学模态技术，以及模态技术之外的处理、显示、获取和管理等手段来处理与医学物理和统计学相关的图像问题"。目前，医学图像处理已发展为一门涉及医学、计算机科学、电子工程学、生物工程学、统计学和药理学等在内的多领域交叉学科。

早期医学图像处理主要涉及成像、显示、获取和软硬件系统设计等技术。而随着医疗设备的推广和发展，目前研究者更多关注更具体的医学图像处理技术，如分割、配准、增强、超分辨率、分类和重建等。

在众多医学图像处理手段中，基于机器学习的方法在许多问题（图像分割、图像配准和图像分类等）上扮演着重要的角色。机器学习最初作为人工智能学科的分支出现始于20世纪50年代，机器学习研究最初的研究目的是从人工智能研究角度出发，这为的是让计算机系统通过对人学习事物能力的模拟使之具有智能属性。在1997年，美国卡耐基·梅隆大学计算机系汤姆·米切尔（Tom Mitchell）教授定义机器学习为"利用经验来改善计算机系统自身的性能"。

机器学习作为一门涉及多领域的交叉学科，已经成功地应用到各个领域，包括数据挖掘、模式识别、自然语言处理、机器视觉和信息检索等，而在医学图像处理领域中，基于机器学习的方法也越来越被人们关注。

五、城市规划与建筑工程领域

（一）城市规划

城市是一个典型的动态空间复杂系统，具有开放性、动态性、自组织性、非平衡性等耗散结构特征。城市的发展变化受到自然、社会、经济、文化、政治、法律等多种因素的影响，因而其行为过程具有高度的复杂性。城市规划研究与规划编制管理以城市系统为研究对象，现代城市规划奠基发展的100多年间，伴随着社会科学思潮发展和科学技术革命成为规划行业发展的重要动因，也为了实现建设理想城市的规划愿景，学者、规划师和规划管理者不断吸收借鉴社会科学及工程技术的最新成果。近年来，随着移动互联网、云计算和高性能计算等信息技术不断取得突破，城乡规划行业信息化新技术应用再次迎来一股热潮，代表性的探索包括通过大数据剖析人类时空行为，从而构建城市空间结构及环境品质的多维度认知，云计算和高性能计算相结合实现协同在线规划编制管理，以及通过数据增强设计以提高设计的科学性，等等。

1.采用机器学习人工智能技术升级现有规划决策辅助模型

目前广泛采用的各类规划模拟仿真支持系统大都源于20世纪80年代基于专业领域人工智能技术开发的专家系统或决策支持系统。这些系统中的重要模块如交通仿真模型和土地利用模拟模型，往往是基于单PC机或单工作站计算能力，采用元包自动机、多智体、空间句法等人工智能算法内核进行开发，仅能适应简单要素和理想边界条件下的仿真预测。目前，常规的技术升级路线是基于现有模型的，应用高性能计算的并行处理能力，提高模拟能力和效率。

2.采用机器学习人工智能技术辅助规划文本编制

随着规划行业从物质形态设计向"多规融合"的空间治理公共政策的转型，在宏观中规划公共政策等领域，以自然语言形式存在的规划文本、基础资料、访谈记录、专家及社会公众评论和政策法规与规划图件具有相同的重要地位。目前的状况是各类文本信息承载的逻辑关系、策略、经验均依靠规划师的个人经验和人脑存储。资深的规划设计人员或许都会存在一个体验，每次规划启动阶段收集的海量文本数据，往往都仅靠人工阅读留下的模糊印象，在规划成果部分采用，不少规划文本和政策文件往往停留在文字工整、标题醒目的表面水平上，核心观点及内在因果逻辑关系的科学合理性很难保证。

自然语言深度学习也是机器学习人工智能技术的重要领域，目前已初步运用于电子商务推广等领域。在电子商务领域应用的其内在逻辑是通过海量分析学习非结构化的文本信息（如消费者的评论），得出内在关系经验和规律，进而提出商业策略建议。

（二）绿色建筑智能控制

进入21世纪，地球上可用能源的减少和人类对能源需求的不断增加，使得人类将最终面对能源短缺匮乏的危机，此外，能源的不合理使用所造成的污染，也给生态环境造成了很大的破坏。建筑作为能源消耗的主要群体，在为人们创造温暖舒适、适合居住的生活环境的同时，也在以极快的速度吞噬着地球上有限的可用能源，并制造出大量有害污染物。统计数据显示，21世纪以来，楼宇建筑每年消耗的能量占全球总能耗的50%以上，远远超过了工业、交通和其他一系列高能耗行业。随着建筑能耗问题的日趋严峻，如果不能及时改变建筑方法，调整对传统建筑的认识并广泛实施绿色智能建筑的观念，人类将会很快面临能源枯竭、生态环境恶化等问题。

传统建筑的发展趋势是以能够减少污染物排放、对环境友好并提高能源利用率的绿色建筑为主。绿色建筑是指能够向居住人群提供健康、舒适的工作生活环境，并能够以最高效率利用能源、最低限度地降低对环境影响的建筑物。绿色建筑最基本的特点是绿色化、以人为本、因地制宜、整体设计.这表明绿色建筑既要遵循与选址相关的设计原则，又要充分考虑所在地点的气候和环境，最大限度地利用自然采光、自然通风、被动式集热和制冷，从而减少因为通风、采光、供暖和制冷所导致的能耗和污染，着眼于整体和大局进行设计与实施。

随着信息技术的快速发展，绿色建筑的智能化是其发展的必然趋势。绿色建筑的智能化是指利用系统集成的方法，将计算机科学、控制理论、信息科学与建筑设计有机结合，通过跨学科、跨领域理论的融合，对建筑内用户的行为进行具体的分析和建模，对所在地区的环境因子进行监测和控制，使其满足人们对舒适生活的诉求。经过控制算法的处理后，该绿色建筑可以在保证居住者最大限度健康舒适的基础上，实现能源最大限度的利用，并尽量减少污染物的排放。

机器学习方法凭借其对数据进行主动学习，并能够从中提取相应的子类和做出智能决策的强大能力，在需要决策支持的领域有效地提供了一系列新的解决方法。机器学习算法可以从已知数据中分析出未知的、潜在的概率分布，使得机器能够像人一样具备思维、学习甚至创造的能力，这样机器就可以更进一步地帮人们做更多的工作，进一步提高生产和工作的效率。机器学习研究重点关注的是对数据进行自主的学习，识别其中的复杂模式并能够做出智能决策，其难点在于所有可能的输入所对应的可存在的行为集太大，导致已经观察的实例（训练数据）无法覆盖。因此，机器学习算法必须能够根据所给定的实例进行泛化以便对新样本也能产生有用的输出。此外，泛化能力对机器学习算法在实际应用中发挥效果也起到了至关重要的作用。通过模拟人的思维方式和行为方法，机器学习算法在人工智能学科的发展中占据了重要的地位。

（三）城市区域与功能

城市功能区是实现城市经济社会各类功能的重要空间载体，其数量与分布集中地反映了城市的特性，是现代城市发展的一种形式。城市功能区可由以下两种途径产生：一是社会自发形成，一个地方居住人群和生活方式的改变会导致该地区功能的变化；二是通过城市规划者人为设计，利用一系列投资建造使其成为某个功能区，如开发房地产、兴建游乐园等。

基于波段的遥感图像分类技术在城市地类识别和动态监测中获得了广泛应用，这为实时获取城市功能区的空间分布提供了可行的研究思路。然而，由于遥感图像的分类结果多侧重于区域的自然属性，如草地、建筑用地或湖泊等，很难获得诸如商业区、住宅区等区域经济的社会属性。

一些学者通过收集每个区域的经济、人口和交通数据等，通过模糊分类方法划分城市功能区。其中的商贸繁华度、人口密度、道路通达度和绿地覆盖率等数据获取难度较大，实际应用前景有待检验。

另外，上述方法都无法获取功能区的强度信息，而其对城市规划、交通规划及人们的日常出行等是一个非常重要的指标。移动定位设备的普及极大地便利了行人GPS移动轨迹的获取，从海量轨迹数据中挖掘用户出行信息和移动模式已成为空间数据挖掘领域的一个热点。

除导航外，GPS数据中还蕴含着丰富的关于人类移动模式的知识。从GPS轨迹数据中可以提取用户的出行信息，通过预测模型来缓解城市的交通压力。通过行人轨迹提取密度和分布信息，为政府部门提供更好的城市规划。

事实上，行人移动轨迹中隐含的出行规律和移动模式与城市功能区定位存在很大的关联性。例如工作日住宅区的出发高峰出现在早上，到达高峰出现在傍晚，而工业区正好相反；商业区的到达高峰出现在周末下午，且强度高于住宅区；绿化区的到达高峰出现在早上和傍晚，强度较小。

基于此，将行人的移动模式与城市功能区相结合，通过机器学习方法，可以从看似杂乱无章的GPS移动轨迹中发现城市的不同功能分区及其强度，以期为城市规划、建设和管理提供一定的决策参考。

六、其他研究领域

目标跟踪技术一直以来都是计算机视觉、图像处理领域的研究热点，其在国防侦察、安防监控、智能控制等领域具有重要的应用价值，是武器装备、监控设备等的核心技术之一。数年来，国内外一直有大量学者从事目标跟踪算法方面的研究，但是由于跟踪过程中所观测的目标信息的多变性、目标的机动性，以及背景的复杂性、自身或背景遮挡等，目标跟踪仍然是一个非常具有挑战性的问题。近年来，将机器学习理论应用到目标的跟踪、识别问题是一个研究热点，与传统跟踪的目标匹配不同，运用机器学习理论进行目标跟踪是将目标跟踪问题转换成目标分类问题，即用算法将视场中的目标和背景进行分类，分类结果置信度最大的目标所在的位置就是目标位置。计算机的一大特点就是学习，即让计算机有人一样的"学习"能力，可以通过学习被跟踪目标的不同变化，如位置变化、姿态变化和相似干扰等，及时调整跟踪器的状态，适用于多种复杂的目标跟踪问题。

目标跟踪是计算机视觉领域的一个重要问题，高性能计算机的发展、摄像机价格的下降、自动视频分析等需求的不断增加，极大地推动了目标跟踪算法的发展。目标跟踪是一个非常有挑战性的问题，目标跟踪会因为目标的突然运动、目标或背景特征模式参数的变化、非刚性物体、目标遮挡及摄像机运动等问题而变得更加困难。最初视频目标跟踪技术只用在军事侦察或视频监控领域，随着研究的逐步深入，视频目标跟踪问题还可以引申到其他方面应用，如对视频进行分析。随着科技水平的飞速发展，人们对智能图像处理的需求越来越大，视频分析已经是一个热点问题。视频分析有以下三个关键步骤：感兴趣运动目标的检测、逐帧跟踪目标和根据目标运动规律跟踪分析识别其行为。因此，可认为目标跟踪问题可运用于以下领域：民用领域有基于运动的识别，如根据人的步态判断人的状态、自动目标检测、自动监视等，视频检索，人机交互，交通控制，汽车导航；军事方面，随着现代航海、航空、航天等领域的迅速发展，以及现代战争的信息化发展，运动目标的跟踪技术越来越受到各国的重视，已然成为军事领域的一个研究热点问题，无人机空中侦察、车载光电平台的地面侦察及导弹的火力打击等，无不用到了目标跟踪技术。

基于运动的识别一般用在已知目标的运动轨迹情况下的识别，根据目标运动的轨迹情况判断目标当前所处的状态。例如在医学的护理监控中，在某一特定的地点放置摄像机，随时跟踪监控病人的运动轨迹，通过训练学习得知病人在通常情况下一般的运动情况，如大概轨迹、在某一处停留时间等情况，当目标的轨迹与所训练学习的目标的轨迹有较大异常时则通知监护人员。该种目标轨迹识别技术也可运用到其他方面，在一些安全要求比较特别的地方如银行ATM附近，或某些特殊部门的门口，可以通过这种基于运动的识别察觉出异常情况，避免损失。

视频检索技术源自计算机视觉技术，它可以从未知的视频中搜索出有用或者需要的资料，随着"天网工程""平安都市"建设的不断加深，视频安防监控技术的推陈出新、新技术的出现及未来的发展越来越受到各界的高度重视。高清视频、视频存储、智能视频分析等技术已经成为当前视频技术发展的主要方向。随着安防行业的发展，视频监控正面临空前的挑战。目前，监控摄像头已遍布我国的街头巷尾，不间断地进行监视和录像。这在改善社会治安的同时，也产生海量的视频信息，对成千上万个监控平台进行监控将耗费大量的时间、人力和物力。在海量的视频中查找所需要的信息，无疑是大海捞针，也给视频监控技术带来巨大的挑战。传统的人海战术早已不能满足实际应用的需要，视频检索和视频浓缩是其中的关键，其可以在耗费极少人力的情况下实现自动的目标查找。随着社会治安的完善，犯罪线索查找、走失人口的追查方面对视频检索技术的需求与日俱增。

在人机交互方面，运用最多的就是近年来流行的体感游戏，随着智能数字产品的发展，人们对各种游戏的逼真性能要求越来越高，现在的游戏已从以前的只从屏幕上看发展到了人与屏幕中角色的互动。人机互动的前提是机器能够识别跟踪人的动作，从而使机器中的角色能够有对应的反应。微软公司研发的 Xbox 360 就是一款能够让人和计算机程序中虚拟角色互动的互动体感游戏机，人可以在室内进行一些以前要在室外才能进行的体育运动。这种游戏的关键技术之一就是目标的识别跟踪，通过跟踪人的身体某一部位的相对位置来判断人的当前的动作姿态，从而使游戏机中的对应人物做出响应。

在军事应用领域，随着现代武器的自动化、智能化的快速发展，目标跟踪技术的作用越来越重要。光电处理子系统构成了武器的眼睛，其与雷达、测距等其他子系统共同构成了武器的整个视觉系统。光电子系统的主要作用是对目标的搜索、跟踪和定位及识别，在火力打击过程中，光电系统将目标的具体位置发送给指挥中心及火控系统，能够大幅提高对目标打击的准确率。

现代武器系统中，用到光电跟踪装置的武器比比皆是，在现代导弹上一般都会有光电导引头，使导弹在飞行过程中能够根据目标的位置信息不断地调整飞行姿态，准确命中目标，导弹上的光电设备一般是电视末制导，就是导弹在俯冲的过程中根据目标的位置对弹体姿态进行调整。

车载光电平台中的光电系统一般用在战区侦察方面，在战前的侦察工作是战争能否取得先机的关键因素，车载光电侦察系统一般能在距离目标几十千米的距离实现对目标的侦察，识别伪装，跟踪特定的目标，并将目标的具体位置信息发送到指挥中心，从而决定如何对已发现目标进行处理。目前各国最新研制的侦察车都有光电子系统，一般都包括可见光、红外视觉子系统及激光测距测照子系统。

机载光电平台应用范围也非常广泛，飞机在侦察、打击目标时也会用到光电平台。比如在武装直升机的侦察系统中，光电子系统一般安装在飞机机鼻位置，一般包括红外成像子系统、可见光成像子系统、激光测距子系统及激光测照子系统等。光电子系统通过可见光或者红外子系统对可能的目标进行检测、分类、评估，认为或自动选择一个主要目标进行自动跟踪。

固定翼战斗机的武器系统中的光电子系统通常称为光电搜索瞄准系统。由于光电传感器是一种被动传感系统，能够使飞行员在飞行过程中更加详细地了解飞机周边的情况，并且在空中格斗的过程中，光电子系统能够使飞行员准确地瞄准所要打击的目标，提高格斗一击制胜的可能性。

另一种固定翼飞机是近年来越来越被重视的无人机系统，因为无人机系统机动灵活，昼夜均可用，可以随时深入危险区域上空长时间执行侦察、监视及打击任务，并且能够将感兴趣的信息传输到指挥中心。无人机具有结构简单、体积小、重量轻、雷达反射面小等特点，其研制费用、生产成本及维护费用都远低于有人机，可以最大限度地减小战场上的损失。同其他几种光电平台类似，无人机光电子系统同样也包含红外、可见光、激光等有效载荷，使用无人机对敌方进行侦察，使战争开始前就能够掌握敌方的一些关键信息，大大提高了战争胜利的可能性。

综上所述，无论是民用还是军事应用领域，目标跟踪技术的重要性越来越凸显，因为随着信息技术的发展，各种智能设备层出不穷，机器智能已经成了一个大的发展趋势。机器智能，在机器视觉领域中，简单来说即是通过光电设备获取红外或可见图像，通过对图像数据的处理、分析，最后做出合理的决策，目标跟踪技术无疑是其中的核心技术之一。由于目标跟踪问题的复杂性，目前已有的跟踪算法并不能解决所有的目标跟踪问题。因此，国内外仍有大量学者对目标跟踪算法进行研究，无论从民用还是军事应用角度，目标跟踪技术都是一个很有实用价值的研究课题。

参考文献

[1]邵云蛟.计算机信息与网络安全技术[M].南京：河海大学出版社，2020.

[2]刘美丽.计算机仿真技术[M].北京：北京理工大学出版社，2020.

[3]徐强，肖杨，迟晓曼.计算机信息技术基础[M].北京：中国水利水电出版社，2020.

[4]李晓华，张旭晖，任昌鸿.计算机信息技术应用实践[M].延吉：延边大学出版社，2020.

[5]张福潭，宋斌，陈芬.计算机信息安全与网络技术应用[M].沈阳：辽海出版社，2020.

[6]潘银松，颜烨，高瑜.计算机导论[M].重庆：重庆大学出版社，2020.

[7]赵学军，武岳，刘振晗.计算机技术与人工智能基础[M].北京：北京邮电大学出版社，2020.

[8]刘音，王志海.计算机应用基础[M].北京：北京邮电大学出版社，2020.

[9]周宏博.计算机网络[M].北京：北京理工大学出版社，2020.

[10]张万民.计算机导论[M].2版.北京：北京理工大学出版社，2020.

[11]张靖.网络信息安全技术[M].北京：北京理工大学出版社，2020.

[12]余萍."互联网＋"时代计算机应用技术与信息化创新研究[M].天津：天津科学技术出版社，2021.

[13]聂军.计算机导论[M].北京：北京理工大学出版社，2021.

[14]王红，张文华，胡恒基.计算机基础[M].北京：北京理工大学出版社，2021.

[15]杨洁.计算机组成原理[M].北京：机械工业出版社，2021.

[16]石忠，杜少杰.计算机应用基础[M].3版.北京：北京理工大学出版社，2021.

[17]潘天红，陈娇.计算机控制技术[M].北京：机械工业出版社，2021.

[18]黄侃，刘冰洁，黄小花.计算机应用基础[M].北京：北京理工大学出版社，2021.

[19]李超，王慧，叶喜.计算机网络安全研究[M].北京：中国商务出版社，2022.

[20]罗森林，潘丽敏.大数据分析理论与技术[M].北京：北京理工大学出版社，2022.

[21]刘春.大数据基本处理框架原理与实践[M].北京：机械工业出版社，2022.

[22]孙佳.网络安全大数据分析与实战[M].北京：机械工业出版社，2022.

[23]毋建军，姜波.计算机视觉应用开发[M].北京：北京邮电大学出版社，2022.

[24]秦国锋.计算机系统数据处理原理[M].上海：同济大学出版社，2022.

[25]张浩，刘冲，吴艳琴.计算机信息技术与大数据应用[M].汕头：汕头大学出版社，2022.

[26]张以文.大数据导论[M].北京：北京师范大学出版社，2022.

[27]程秀峰，严中华.大数据技术原理与应用[M].北京：科学出版社，2022.